フランスの地方都市にはなぜシャッター通りがないのか

交通・商業・都市政策を読み解く

VINCENT-FUJII Yumi
ヴァンソン藤井由実
宇都宮浄人
著

学芸出版社

はじめに

フランスの地方都市を訪れると、中心市街地の賑わいに驚かされる。緑の芝生の道をトラムが行きかい、多くの人を運んでくる。老若男女が思い思いに街歩きを楽しみ、広場に面したカフェで憩う。旅雑誌のグラビアそのままの光景が至るところにある。

しかし、そのような都市空間がフランスでも壊されかけていたということを知る人は少ない。街中まで自家用車があふれ、教会の周りの広場は、駐車場と化した。郊外には大型商業施設が現れ、旧市街の小さな商店の営業は行き詰った。日本の地方都市が抱える問題は彼の地も同じだったのである。

けれども、フランスでは、シャッター街になる前に、まちづくりの考え方を変え、それを実践した。そして、自家用車の普及にもかかわらず、今日の賑やかな街を創り上げた。そこに豊かな生活を感じるのは筆者たちだけではないだろう。

これに対し、日本の地方都市の中心市街地は、今やシャッター街の見本市といってもいい。今日では店舗も取り壊され、駐車場と空き地の中にアーケードだけが立ちすくんでいるところもある。かつての中心市街地の賑わいを取り戻すべく、さまざまな取り組みが行われてきたが、フランスとは全く異なる光景になってしまった。

高齢化、人口減少、地域産業の衰退など、いろいろな事情は考えられるが、今の日本の状況はやむを得ない「時代の流れ」なのであろうか。本書は、現地の人のインタビューも踏まえながら、フランスの実情を整理し、日本の進むべき道を探ろうというものである。

日本の地方都市の現状がいよいよ危機的な状況になり、その再生に向けて、従来にない模索が始まっている。内容は千差万別だが、示唆に富む提案もあり、我々はすでに多くのことを学んでいる。しかし、取り組むべき課題は依然として多い。筆者らがこれまでも注目し、書物も著してきた交通の問題については、中でも遅れている分野である。交通だけで、まちづくりができるわけではないが、都市のあらゆる経済活動、社会生活は、交通なしには成り立たない。本書では、まちづくりのダイナミズムを支える軸として交通を位置付け、そこから商業政策、土地利用といった都市政策全般まで議論を進める。

なお、地方都市といっても、「地方」をどのように捉えるのかで、議論の組み立ても変わる。本書では、人口概ね十万人以上、百万人未満の地方中核都市、地方中心都市に焦点を当てていく。より小さな地方都市の問題を看過するわけではないが、日本とフランスでは、こうした中堅の都市の姿に最も大きな差があるからである。

本書の構成は次のとおりである。まず1章で日本とフランスの今を概観した後、2章でＬＲＴ導入による交通まちづくりの全体像を述べる。そのうえで、3章から6章まで、フランスの交通政策、商業政策、土地利用、合意形成のしくみなどの各論を詳しく検討し、7章では、フランスの実態を踏まえ、日本の採るべき戦略・戦術を取りまとめる。フランスと日本では、歴史や制度も異なるが、日本の地方都市再生に向けた何らかのヒントを、読者とともに見つけることができればと思っている。

宇都宮 浄人

※本書では、特別の記載がない限り、1ユーロを125円で換算している。
※本書に掲載した写真で、提供先が記載されていないものは、著者が撮影したものである。

もくじ

はじめに　3

1章　日本とフランス、地方都市の今……10

1　日本の地方都市の現状　10
シャッター街の現実／人口減少・地域産業の衰退・モータリゼーション／フランス・ドイツも構造問題に直面／シャッター街はなぜいけないのか／中長期的な持続可能性／多様な選択肢によるＱＯＬの向上／問題の所在

2　フランス地方都市の元気なまちなか　20
小都市の賑わい／郊外大型店と共存する市街地の店舗／市民のまちなか志向／フランス人のモビリティ

2章　「賑わう地方都市のまちなか」ができるまで……29

駐車場と化した広場（70年代から80年代）／景観整備を伴ったまちづくりのツールとしてのＬＲＴ（90年代）／商店街への行政の対応／「交通権」を保障し、環境、福祉に貢献する交通まちづくり／土地利用の誘導／地方の政治家と意思決定のあり方／合意形成の方法／地方都市の賑わい

3章　「歩いて暮らせるまち」を実現する交通政策……43

1　歩行者優先のまちづくり　43
歩行者憲章を条例化したストラスブール／具体的な歩行推進策／歩行者安全対策／「歩行者優先道路」と「歩行者専用空間」／パリを初めとして、フランス中で進む歩行者専用空間づくり

2　自転車政策　49
世界第4位の自転車都市ストラスブール／自転車のモビリティ・マネジメントと自転車愛好団体の活動／フランス各都市で進む自転車レンタルシステムとコスト／自転車マスタープランの制定／何が人々を自転車利用に向かわせるか？

3　バスの活用　55
フランスのBRT（バス高速輸送システム）の特性と定義／BRTの第一条件「快適なバリアフリー電停と車両」で「軌道の最低70％が専用レーン」／速達性、定時性、高い運行頻度と優先信号の適用／信用乗車とICTを駆使した運行情報提供システム／既存バス路線サービスの見直しやヴァージョンアップも盛んなフランス／LかBか？低いLRTの事故率

4　トラムとトラムトレインの導入　63
交通と一体化した都市再生・ミュールーズの例／景観向上に貢献するアートなミュールーズのLRT／トラムからトラムトレインへの道／トラムトレインの資金分担と共通チケットの課題／トラムトレインの利用調査／クルマ社会の都市におけるトラムトレインのメリット

5　都市とクルマ　69
フランス人とクルマ／カーシェアリング／カープーリング（ライドシェア）／協力型経済、あるいは参加型経済／クルマ経済の多様化―ウーバー（Uber）とVTC／クルマ利用を巡る攻防

6　都市交通計画を支えるしくみ　76
地域公共交通の計画主体は自治体／都市交通運営は上下分離方式／交通税を主として公金で支える地域公共交通／公共計画の採算性とTRI

7　誰のための交通か？　82
弱者を切り捨てないまちづくり・社会運賃の仕組み／社会弱者も利用できる公共交通／バリアフリーの現状／ユニバーサルデザイン・総合的な交通政策に欠かせないピクトグラムと交通結節拠点

元ストラスブール市長へのインタビュー
将来の経済発展に、現存する交通インフラストラクチャーが応えられるか？／まちを読み取る作業は、市民の「居心地よさ」につながる都市計画を構築すること／交通の税制度（公金投入）は、公共交通が市民にもたらす社会生活における恩恵に対して連帯して支払うコストの一部

4章 中心市街地商業が郊外大型店と共存するしくみ……98

1 フランスの商業調整制度 98
大型店舗出店規制から緩和への流れ／新スタイルの小売業態―ハードディスカウントとEショッピング／フランス人はどこで買い物をするか―郊外店舗と市街地店舗の共存／フランス人の購買能力／アンジェ生活圏の商業実態／新しい消費傾向／なぜ市民は週末に市街地に集まるのか／ショップオーナーへのプロセス／シャッター通りを存在させないしくみ①空き店舗への課税／一般の相続と同じ条件で行われる商業店舗の相続／シャッター通りを存在させないしくみ②自治体の先買権／シャッター通りを存在させないしくみ③自治体が発行する建築許可と新規商店に要求する基準

2 あらゆる人にとって中心市街地を魅力的にする取り組み 118
タウンマネージャーという仕事
アンジェ市役所中心市街地活性化担当官へのインタビュー
「行政がフットワークを軽くして、商業起業者のネットワークをつくります」
楽しいまちづくりの仕掛け・文化政策／広場の活用―生活者に近い小売形態・朝市／クリスマスマーケットという冬の一大イベント／道路の高度利用・夏の音楽の祭典や演劇祭のストリートパフォーマンス

5章 「コンパクトシティ」を後押しする都市政策……132
コンパクトシティとは、「住みやすいまちづくり」の追求

1 商業・交通政策と連携する都市計画 133
都市のスプロールを避けるための法整備／地域発展計画の要となる総合戦略文書SCOTとは何か／コンパクトシティ構想における交通と商業

2 都市の拡散を防ぐ住宅政策 137
さらに広域を対象とした都市計画策定へ／交通マスタープラン・住宅プランも都市計画マスタープランに統合

アンジェ都市圏共同体住宅・都市計画担当副議長へのインタビュー
「それが出来るかどうか」を問うのではなく、「どのようにしたら出来るか」を考える／土地消費の削減と都市の高密度化、現実との折り合い／鍵は建築許可

3 住宅開発の実際 150

ソデメル機構担当者へのインタビュー
フランス流第3セクター・住宅開発公社のしくみ

4 マスターアーバニストの役割 154

マスターアーバニストへのインタビュー
「情報の統合化」と「多層化した集団のマネジメント」がマスターアーバニストの仕事／恒久的に続くアーバニストの責務

6章 社会で合意したことを実現する政治……160

1 自治体の広報戦略と市民参加・合意形成 160
キーワードは「徹底した情報開示」と「市民との対話」／計画上流段階での市民の参加と理解／市民が積極的に意見を出すコンセルタシオン／自治体が自主的に企画する住民集会

2 アンジェ都市圏共同体の商店への対策・工事中の補填 166
計画決定後も続く、市民の支援を得るための広報活動

ミッション・トラム局長へのインタビュー
商店への補填のプロセス／行政が行う万全を期した工事中の対策
3 工事中の駐車対策 173
工事中は商店への搬入・搬出拠点とサポート要員を配置
アンジェ最大規模の商店街組合会長へのインタビュー
商店組合と自治体の商業担当者が1か月に1回会合を定期的に開催
4 フランスではなぜ自治体がイニシアティブを発揮できるのか 180
地方公共団体の財政／意思決定を行う首長と地方の政治家たち―広域自治体連合の強み／ノウハウが行政内に蓄積される、有期雇用の専門性の高い人材を登用した組織作り／地方のまちづくりのあり方
アンジェ都市圏共同体評議会議長・アンジェ市長へのインタビュー
都市の存在を発信するには、何かに傑出している必要がある／コンパクトシティの鍵になる「都市の形」／市民によりそった市長の姿勢

7章 フランスから何を学ぶか 191
1 フランスから学ぶべき戦略 191
まちづくりに対する思い／成熟社会の都市の価値
2 日本が採るべき具体的な戦術 194
商店街全体としての魅力の創出／商店街保護からの脱却／まちづくりとしての交通政策

おわりに 201

1章　日本とフランス、地方都市の今

本章では、まず、日本とフランスの現状を概観しておこう。ただし、単に一般論を整理するのではなく、1節では、日本の地方都市に関するデータも踏まえながら、事実関係を確認し、本書がなぜシャッター街をテーマとするのか、交通まちづくりがなぜ必要なのかを提示する。そのうえで2節では、アンジェ市での生活体験を踏まえ、フランスの「歩いて暮らせるまち」を紹介する。

1　日本の地方都市の現状

シャッター街の現実

日本の地方都市に活気がない、商店街の再生が必要だと言われてどれぐらいの月日が経つのだろうか。バブル経済崩壊後の1990年代前半には既に多くの問題が指摘されていた。中小企業庁の『平成8年版中小企業白書』では、「競争激化により厳しい環境下にある商店街」という節を設け、「顧客の郊外への分散、駐車場不足、空き店舗の増加といった問題」を述べたうえで、日本商工会議所のアンケート結果（1995年）から「その89％が『衰退』または『停滞』と答えている」という結果を引用している。今から20

表1　市街地型商業集積地区商店数・年間販売額（2014年）

	商店数		年間販売額	
		(1997年比)		(1997年比)
市街地型商業集積地区計	27万9981	−54.8%	44兆9356億円	−35.8%
人口10万人未満	7万9198	−65.6%	8兆　842億円	−55.6%
人口10〜100万人未満	12万2329	−47.3%	19兆5914億円	−31.8%
人口100万人以上	7万8454	−50.2%	17兆2600億円	− 25.3%

（資料：経済産業省「商業統計」）

年以上も前のことである。

これに対し、政府は１９９８年に、中心市街地活性化法、大規模小売店舗立地法（大店立地法）を成立させるとともに、都市計画法も改正し、いわゆる「まちづくり３法」によって、地方都市を念頭に置きつつ、中心市街地の活性化対策に当たってきた。それでも事態が改善しないとなると、２００６年には、「まちづくり３法」を改正して、郊外における大型小売店など大規模集客施設の出店規制を強化するなど、さらなる梃入れも行った。手をこまねいていたわけではない。にもかかわらず、２０１０年代も半ばに至るも、なお事態は改善していないというのが現状である（図１）。

経済産業省の「商業統計」から事実関係を整理すると、１９９７年から２０１４年までの17年の間に、市街地型商業集積地区の商店数は半減し、年間販売額も３分の２以下となった。人口10万人未満の小都市は、商店数でほぼ３分の１、年間販売額とも半分以下と壊滅的だが、人口10万人以上百万人未満の地方都市や百万人以上の大都市も、商店数はほぼ半減、年間販売額もそれぞれ７割以下、百万人以上で４分の３に減少している（表１）。

中小企業庁の委託調査「商店街実態調査」でみると、空き店舗率は、１９９５年度で約６・９％であったのに対し、２０１５年度では約13・2％である（図２）。空き店舗率は、２０１２年に比べて若干減少したが、この３年間について、「空き店舗数」が「増えた」と答えた商店街は全体の31・9％だったのに対し、「減った」と答えた商店街は13・1％である。統計的な事実をみても、今なお中心市街地の衰退は進んでいると言わざるを得ない。

図１　シャッター街となった和歌山市の商店街

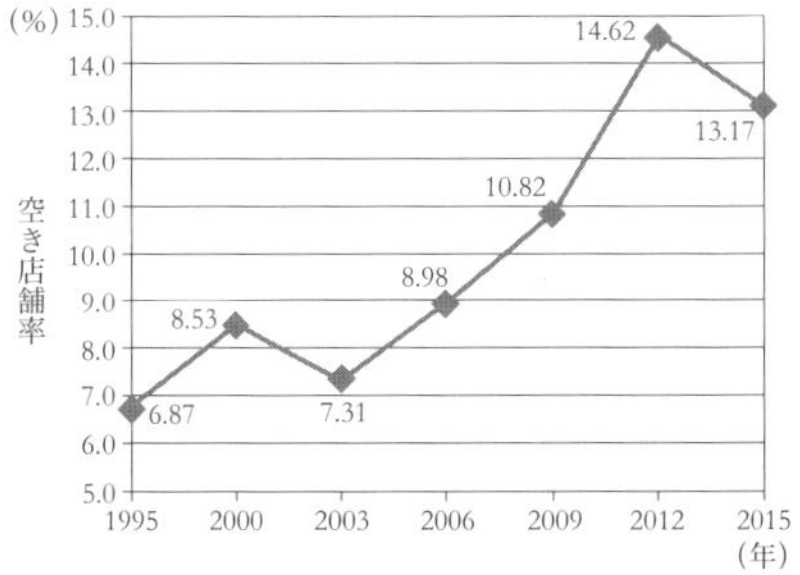

図２　１商店街当たりの空き店舗率の推移
（資料：「商店街実態調査」〔中小企業庁委託調査事業〕）

人口減少・地域産業の衰退・モータリゼーション

中心市街地の衰退の背景についても、すでに多くの分析があるが、経済産業省が諮問した中心市街地活性化評価・調査委員会（以下、評価委員会）では、「中心市街地を巡る状況」「構造的制約・課題」として、これまでに指摘されてきたことを網羅している。[*1] それらの議論を大まかに括ると、中心市街地の衰退の背景にある大きな要因は、①人口減少・高齢化、②地域産業の衰退、③自家用車の普及によるモータリゼーションの進展という整理ができる。そうした指摘に違和感のある人は少ないであろう。

しかしながら、このような整理で地方都市の中心市街地の問題を検討することが、事態の解決につながるかといえば、そうではない。上記3点については、多くの地方都市の担当者からも、「構造的制約」として聞かれるが、一つひとつ吟味すれば、程度の差があるとはいえ、必ずしも日本の地方都市特有のものではないからである。

まず、人口減少を生産年齢人口の減少でみると、実は大都市圏でも同じ問題を抱えている。「消滅可能性都市」の一つとして、東京都の豊島区も含まれて注目されたが、[*2] 人口問題は地方だけではない。人口減少に伴う空き家の増加も、大都市圏の方が絶対数が多いだけに深刻なのである。[*3]

製造業の海外進出といった流れについても、基本的には大都市圏と地方で大きく変わらない。違いは、サービス産業の比重の差ということになるが、実は、これとてばらつきがある。地方の県庁所在地は、元々産業都市というよりは行政都市としての性格のところも多く、国の出先機関や学校も多い。地域内格差という問題はあるにしても、地方

＊1　中心市街地活性化評価・調査委員会（２０１３）「今後の中心市街地活性化施策の方向性について～計画運用に関する緊急点検項目を含む（中間的論点整理）」

＊2　増田寛也編『地方消滅』（中公新書、２０１４）

＊3　総務省「住宅・土地基本調査」によると、２０１３年の空き家率は、東京都でも10・9％（全国平均は13・5％）と、10軒に1軒以上が空き家という状態にある。

の中心都市は、むしろサービス化の流れを享受してもいいはずなのである。さらにいえば、地域の産業集積や所得の多寡が都市の賑わいと必ずしも相関しているとも限らない。たとえば、財政力指数を基準に日本の都市をみると、愛知県内の東海市、小牧市、刈谷市は上位に位置するが、これらの都市の駅前や旧来の中心市街地に賑わいはあるだろうか。工業都市と商業都市を同列に論じることはできないが、身近に歩いて買い物を楽しむ商店街が衰退していることには変わりない。

一方、モータリゼーションが、今日の地方都市の問題の背景として重要であることは間違いない。上記の愛知県の都市の事例をみても、筆者の実感からいえば、先の評価委員会の指摘にもあった、「車中心のまちづくり」が大きく影響しているように思われる。しかし、自家用車の普及という議論についても注意が必要である。この点を少し詳しくデータで確認しておこう。

世帯当たりの自家用乗用車保有台数（軽自動車含む、２０１５年３月末）[*4]でみると、全国平均は1・07台であるのに対し、東京都０・46台、大阪府０・66台と大都市圏は低い。しかし、大都市圏においても、２軒に1台は自家用車があるとも言える。異なるのは、その利用頻度である。自家用車が普及していても、それをどの程度利用するかでモータリゼーションの度合いは変わる。民間のインターネットによる自動車運転頻度の調査[*5]では、ほぼ毎日運転するという人は全国平均では25・７％である。しかし、関東や近畿以外の地域では、「ほぼ毎日運転する」が、４〜６割に達する。自動車の稼働率が全く違うのである。ちなみに、通勤・通学に利用するという回答も、全国平均では４分の1強な

＊4　日本自動車工業会ＨＰより
http://www.jama.or.jp/industry/four_weeled/four_weeled_3g3.html

＊5　カーライフに関するアンケート調査（第４回）http://myel.myvoice.jp/products/detail.php?product_id=19606

のに対し、関東や近畿以外の地域は4〜5割になる。

自家用車の利用状況について、移動の際の自動車分担率[*6]をみると、三大都市圏で33・0%であるのに対し、地方都市圏は58・2%と確かに高い。しかし、地方中核都市圏の中心都市12都市でみると、平日の自動車分担率は、静岡市、松山市は50%を下回るのに対し、郡山市、松江市は、67%を上回り、ばらつきが大きい。さらに、これらの都市の世帯当たりの乗用車保有台数[*7]をみると、保有台数の高い都市の自動車分担率は高い傾向にあるとはいえ、静岡市や盛岡市は、保有台数に比して、自動車分担率は低く、盛岡市よりも保有台数が低い松江市の自動車分担率は高く、強く相関しているともいえない。同じ地方中心都市でも利用の仕方は異なる(図3)。実際に静岡市や松山市(図4)を訪れると、他の地方都市に比べて、中心市街地にそれなりの賑わいがあるように感じられる。

フランス・ドイツも構造問題に直面

中心市街地問題の背景であるとされる要因が、そもそも日本特有のものではないということも重要である。本書ではフランスの賑わいの背景を中心に議論を進めるが、同じように地方都市に賑わいがあるドイツも含め、日本で言われる地方都市の問題をみてみよう。

まず、人口については、フランスは人口増加が続いているものの、ドイツは２００３年から２０１１年まで人口の減少が続いた。移民等の施策もあって、２０１２年に若干の増加に転じたが、従前のような状況にはない。しかも、欧州も着実に高齢化問題に直

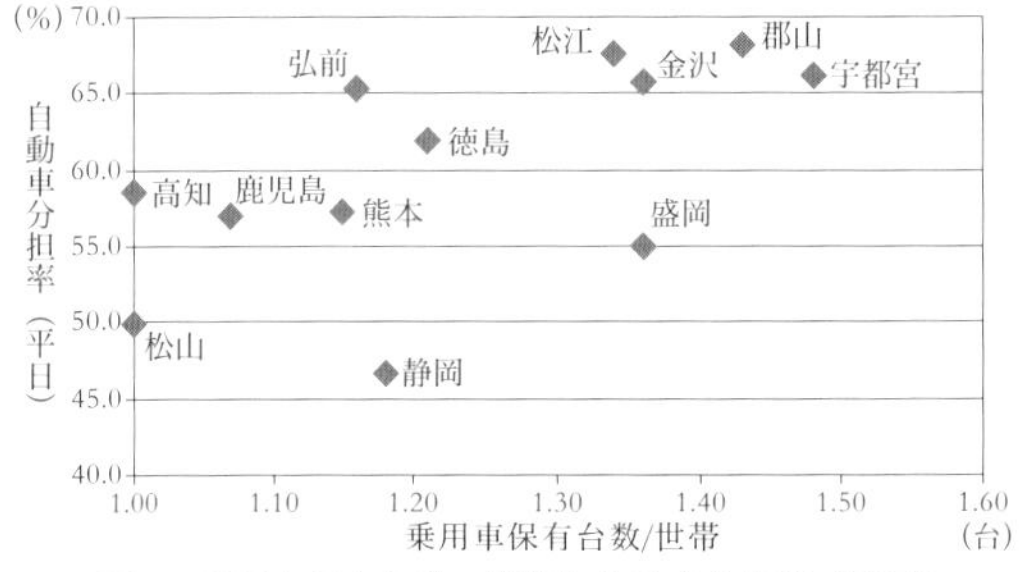

図3　乗用車保有台数/世帯と自動車分担率(平日)
(資料:『地域経済総覧』東洋経済、国土交通省「全国都市交通特性調査」)

*6　国土交通省「全国都市交通特性調査」(２０１０)に基づく。
*7　データは東洋経済『地域経済総覧』に基づき、乗用車保有台数には軽自動車も含む。
*8　総務省「世界の統計２０１６」http://www.stat.go.jp/data/sekai/0116.htm#c02
*9　LRTは、走行空間の改善、車輌性能の向上等により、乗降の容易性、

面しており、すでに65歳以上の人口の人口全体に占める割合は、２０１４年の推計値でフランスが18％、ドイツが21％となっており、２０３０年にかけて、これら比率がそれぞれ24％、28％に高まることが予想されている。[*8]

また、製造業の衰退という点では、両国とも日本よりも早い段階で問題に直面し、産業構造の転換を迫られることになった。鉄鋼関連産業などの重工業や鉱山業に依存した都市は、工場や鉱山の閉鎖後の跡地が荒廃し、都市の再構築を迫られてきた。ドイツの場合、旧東ドイツのみならず旧西ドイツにおいても、ルール地方やザール地方など、この四半世紀産業構造の転換に取り組んできたといってもいい。フランスは、元来重工業の比重が小さいとはいえ、内陸の鉱業都市サンテティエンヌ（図5）や、造船都市ルアーブル、さらに北部のパ・ド・カレーの工業地帯は、１９９０年代には人口減少となった。こうした産業構造の変化に伴う都市の再構築にあたり、欧州では一般に「縮小都市」政策が採用され、コンパクトシティ政策よりも、一段と厳しい対応を迫られている。ちなみに、日本の地方都市では、雇用の場がないといわれつつも、２０１５年平均の地域別の失業率でみると、沖縄を除き、全ての地域で3％台もしくは2％台と極めて低い。フランスが全国平均で９・９％、景気が良いとされるドイツで５・０％（いずれも２０１４年平均）であることを考えても、フランス、ドイツに比べて日本は雇用市場も良好だということもできる。

最後に、モータリゼーションの進展についても、誤解が多い。フランスやドイツは、ＬＲＴ（Light Rail Transit）[*9]が発達しており、街中は一般の自家用車乗入れが禁止されて

図4　賑わう松山市の商店街

図5　サンテティエンヌのトラム

いるケースが多いが、実はフランス、ドイツはともに「クルマ社会」である。全国平均の千人当たりの乗用車保有台数でみると、フランス、ドイツは、481台、540台と、いずれも日本の477台よりも高い。[*10] ベンツやフォルクスワーゲンに代表されるドイツの自動車産業は、ドイツ経済を支える柱であり、フランスにおいても、日産と提携しているルノーなど、やはり自動車は重要な産業なのである。

シャッター街はなぜいけないのか

ここまで、日本の地方都市の中心市街地の衰退の背景とされる問題が、必ずしも地方都市、さらには日本特有のものではないということを述べたが、そもそも、中心市街地の衰退という問題設定に意味があるのか、という疑問があるかもしれない。実際、地方都市の場合、自家用車を利用して一歩郊外に出ると、ロードサイドには多くの商店が並んでいる。家族連れだけではなく、今では若者にとっても、郊外型ショッピングセンターに出かけることは、「ほどほどの楽しみ」を与えているという。「1日かけてドライブを楽しみ、ショッピングを楽しみ、映画を楽しみ、食事を楽しむことのできる、極めてよくできたパッケージ」[*11] という評価も頷ける。

それでは、郊外化した地方都市の現状をそのままにしてもよいのだろうか。まずもって、この問いに対する本書の立ち位置を明確にしておく必要があろう。筆者たちの考え方は次のとおりである。

地方都市における郊外型の商店に一定の役割はあるが、歴史的な中心市街地を核とし

定時制、速達性、輸送力、快適性等の面で優れた特徴を有する、人と環境に優しい次世代型路面電車システム（２００８年・京都議定書目標達成計画）。なおフランスでは、トラム（Tram）と呼んでいる。

＊10　総務省「世界の統計２０１６」http://www.stat.go.jp/data/sekai/0116.htm#c02

＊11　阿部真大『地方にこもる若者たち』朝日新書、２０１３、25頁

て都市が賑わう意義は大きい。したがって、現在の日本の地方都市のあり様には大きな問題がある。キーワードは、持続可能性と多様性である。

中長期的な持続可能性

まず、持続可能性に関していえば、地方都市の郊外を中心とした「極めてよくできたパッケージ」を今の形で中長期的に維持していくことは難しいということである。第1に、郊外型の商店が中長期的にその土地でビジネスを行う体制になっていないことがあげられる。商店の建屋も将来の撤退を見込んだつくりで、コストはかけない。地価の低い郊外に進出しているのも、初期コストの抑制にある。実際、郊外型ショッピングセンター間の競争により、比較的小規模なショッピングセンターは核店舗が抜けるなど厳しい状況のところも出ている。「焼き畑商業」という表現は、やや極端にすぎるかもしれないが、郊外の店舗が撤退した後、中長期の街の姿を考えておく必要がある。

第2に、郊外型の店舗は、先に述べたとおり自家用車の利用が前提になっていることである。自家用車を運転できない高齢者、運転しない若者が増加すれば、現在のような購買力は望めない。現に、地方都市では、一定の人口集積のある都心部において、「買い物弱者」が発生し、同時に「運転できる」高齢者の交通事故は顕著に増えている。さらに、過度な自動車への依存は、地球温暖化ガスの排出量など、環境面でも持続可能ではない。

第3に、高齢化、人口減少といった中で、従来通りの都市の郊外化を容認することが、財政的にみて非効率だということである。郊外型の店舗は、個々の事業者の判断で、進出や撤退が行われる一方、そうした郊外の店舗に自家用車のアクセスができるようにするためには、新たな道路が必要になる。下水道の整備や清掃車の手配まで、公的な支えがあって郊外型の都市は成り立つが、中長期的にそうしたコストをかけていくことは事実上不可能に近い。

多様な選択肢によるＱＯＬの向上

持続可能性については、すでに多くの論者から指摘されてきたことではあるが、筆者らはそれに加え、我々の生活を幸せにする都市を目指すうえでも、中心市街地の意義があることを述べておきたい。生活に潤いや豊かさを与えるものとしては、都市の歴史や文化の厚みも重要な要素であり、その際、歴史的な発展の中心にあった商業地の賑わいが重要な役割を果たすと考えるからである。

一般に、人間は多様な選択肢がある方が、個々人の満足度は高いとされる。ところが、今の日本の地方都市の多くは、自家用車を使わずに快適な生活を送るという選択肢がなくなっている。その結果、買い物でも外食でも選択肢の幅が狭くなっている。「ほどほどの楽しみ」を享受する人が多いとしても、「クルマなしでは暮らせない」とされる都市は、全体としてみれば、十分な満足度ではない。すべての人とは言わないが、相当数の人は歴史や文化のある中心市街地が寂れた姿を残念に思っている。それは単なる郷愁ではなく、都市や地域の誇りといったところにもつながっている。

そうであれば、郊外型の商店を中心とするライフスタイルとは別に、歴史と伝統を受け継ぎ、希少で個性あふれる品々をそろえたお店があり、自家用車の利用にしばられることなくお酒も飲める中心市街地が、魅力的なライフスタイルを提供できるはずである。中心市街地と郊外の棲み分けと共存により、多様な選択肢のある、より高い生活の質、QOL（Quality of Life）が実現できる。本書でみるとおり、フランスは歩いて楽しめるまちづくりによって、そうした生活を享受しようとしているのである。

問題の所在

このような筆者らの考え方は、政府のコンパクトシティ戦略の方向性と大きな違いはない。地方都市の中心市街地の衰退の現状を早くから指摘し、政府なりに一定の予算をつけ、具体的な政策を行ってきた。政府がまちづくり3法を改正して、コンパクトシティを提唱してから、早10年経つ。

にもかかわらず、事態が改善しないのはなぜか。

一つは、問題の処方箋を考えるための背景分析が、先に述べたようなステレオタイプな整理にとどまっていることにある。人口減少や産業構造の変化、自家用車の普及については、こうした流れを急に変えることが不可能である。本来は中長期的な観点から、徐々に流れを変えていく具体策を戦略的に採るべきであるのに、実際の施策は、アーケードの補修といったハード偏重の補助事業であったり、駐車場の増設といった現状追認の短期的な施策が多く、問題解決に至っていない。つまり、問題把握は間違っていないが、適切な政策対応ができていなかったということではないだろうか。

筆者らは、地方都市の問題に対する戦略的な施策として、公共交通の役割に着目した「交通まちづくり」というアプローチをこれまで提示してきた。[*12] 自家用車が普及した今日、自家用車の利便性を上回る魅力で、市民が公共交通を使う動機付け（インセンティブ）を持ち、それによってゆるやかに都市構造を変えていくことが、人間の自然な行動原理に沿った有効な方法になる。そのためには、都市政策の中に交通政策をも組み込んだ政策誘導が必要になるのである。本書においても、そうした「交通まちづくり」が考え方の基本となる。

次節からは、フランスの最新の実情について、現地の政治家、行政、市民へのインタビューなども交えながら、本書では、交通政策と都市政策を包括的に詳しく検討することで、どのような政策対応が可能なのか考えていくこととする。

2　フランス地方都市の元気なまちなか

小都市の賑わい

フランスで人口が50万人にも満たない地方都市群の中心市街地で土曜日の人の賑わいをみて、日本の方は「特にイベントもないのに、どうしてこんなに人がまちにあふれているのか？」と、とても不思議に思うようだ。身動きができないほどの混雑も珍しくない（ただし店舗が閉まる日曜日には、誰もいないまちの中で観光客は買い物ができなく

＊12　宇都宮浄人『地域再生の戦略―「交通まちづくり」というアプローチ』（筑摩書房、２０１５）、ヴァンソン藤井由実『ストラスブールのまちづくり』（学芸出版社、２０１１）など。

＊13　フランスには市町村の区別はなく、すべての自治体はコミューンと呼ばれる。本書では便宜上、コミューンには「アンジェ市」という表現、複数のコミューンが形成する広域自治体連合のメトロポールや都市圏共同体は、その中心となるコミューンの名を取って「アンジェ」ように固有名詞のみで表記する。

＊14　Angers Loire Métropole（５５３km²）アンジェ都市圏共同体（以下、ＡＬ

図６　歩行者空間が整備された都心の賑わい（アンジェ市）

て呆然とする）。また、家族連れが多いことにも驚くだろう。日本と違ってクラブ活動は週末には少なく、塾通いもまだ珍しい。だから子供たちは中学生になるまでは、基本的に週末は親と一緒に過ごす。それではなぜ、こんなに多くの人がまちなかに足を運ぶのだろうか？（図6）

それは「歩いて楽しいまちづくり」が出来ているからだ。幼児連れでもクルマを気にせずにゆっくりとショッピングやお茶を楽しめる歩行者専用空間が、どの中小都市にも当たり前のように整備されている。勿論郊外から来る市民のために駐車場を完備したり公共交通を充実化させる努力も、自治体はこの20年間市街地の歩行者専用空間整備と同時に行ってきた。その結果、はっきりと言える。「フランスの地方都市にはシャッター通りがない。」本書では中小都市群の賑わいに焦点をあてて、交通・商業・税制・人々の生活など、多様な面から地方都市のあり方を紹介したい。

現在私が居住しているアンジェ市は人口約15万人で、人口規模からは第16位。フランスの最小の行政単位でコミューンと呼ばれる、周囲の31自治体[*13]と都市圏共同体アンジェ・ロワール・メトロポール[*14]を構成し、域内の都市計画や交通行政を司っている（表2）。アンジェ市から車で西90㎞に人口28万人、経済圏人口60万人というフランスでは大都市とみなされるナント市がある。だから週末にアンジェ都心に集まる人たちは、ごく近辺のアンジェ市郊外から移動していると考えて良い。都市圏共同体域内の住民70

表2　フランスの行政区分

行政区分	数	
州	16	州の統合で、2015年に従来の26から16になった。
県	101	県知事は官選で、地方において国を代表する。
メトロポール（広域自治体連合の一つ）	14	ストラスブール、リヨン、マルセイユ、ボルドー、ニース、ツールーズ、ナント、リール、ルーアン、ナンシー、レンヌなどを中心とした、かつての都市圏共同体がメトロポールに2015年から移行。テリトリー内の都市計画、都市交通等の従来の業務に加えて、参加各コミューンが持っていた権限と、従来は県に属していた社会問題、医療、学校、環境問題についての権限が譲渡される。
都市圏共同体（広域自治体連合の一つ）	10	メトロポールを形成するには至らない、人口10万人前後の都市を中心とするコミューンの共同体。アンジェ、ディジョン、ルマンなど。
コミューン	35885	最小の行政単位。若干のコミューン統合が進み、36600から減少した。どんなに小さい規模でも首長選挙、議会機能がある。

本書では、メトロポールや都市圏共同体は、「広域自治体連合」、「公共団体」、あるいは単にその中心都市の名前（「ストラスブール」等）を記す。またコミューンは「市」あるいは「自治体」と訳す。これらの行政機関は、議会、政府機能を備え、また徴税権を有する。

％の雇用がアンジェ市内にあり、すべての移動の65％がアンジェ市が起点、あるいは目的地で、[15]域内におけるアンジェ市の求心力が非常に強い。都心人口15万といえば鳥取県の米子市、経済圏の27万人は兵庫県の加古川市と同じ規模である。アンジェ市はパリから約300km、フランス新幹線TGVで1時間40分南西に向かう。ちょうど東京から名古屋に行く「のぞみ」と同じ所要時間だ。

このアンジェ市が、週刊誌『レクスプレス』[16]が毎年行っている都市のランキング調査で2014年も「住みやすいまち」の1位になった（図7）。例年上位に入る顔ぶれは安定しており、それらの地方都市には共通したレベルの高いクオリティー・オブ・ライフ（生活の質）が感じられる。Il fait bon vivre.「住み心地が良い」とでも訳そうか。この都市ランキングの評価指標をみると、フランス人が住まいに求めるものが分かって興味深い。2014年度は「持続可能な発展都市」がテーマで、5項目のパラメーターを設けて50の地方都市を比較した。「モビリティ」の項では、ストラスブール市が20点満点、グルノーブル市、リヨン市、マルセイユ市、ニース市と続く。採点の基準は「自宅─通勤通学に要する時間」、「公共交通の充実度と利用者数」、「自転車専用道路や徒歩専用空間の整備度」など。同じ2014年日本経済産業省の「住みやすいまちランキング」で、松江市が1位になり2位出雲市、3位江津市と島根県が独占したが、[17]いずれも車がないと生活が不便な地域で、このあたりに日本とフランスの「住みやすさ」に対する考え方の相違が顕著に出ている。アンジェ市には現在宇都宮市で導入計画がある新型路面電車LRTが2011年から走っている。1990年代市街地の中心フォッシュ通り[18]には23

図7　アンジェ中央鉄道駅に大きく張られた「住みやすいまち1位」のパネル（提供：ALM）

秒に一台のバスが数珠繋ぎに運行され、交通渋滞を巻き起こしていた。今では同じ大通りの道路空間をＬＲＴ・バス・自転車・歩行者が共有している姿が見られる。都市とモビリティに関しては、3章で、公共交通、徒歩、自転車などの移動手段において特徴あるモビリティ政策を展開したまちづくりを進めているフランス各都市の実例を詳しく述べている。

　ほかのパラーメーターは、「環境」（廃棄物リサイクル率、住民一人あたりのグリーン面積など）、「経済」（失業率、ニート率など）、「健康」（平均寿命、病院施設の充実度）、「社会政策」（家賃が安い公営住宅の供給度など。この指標は社会福祉を重んじるフランス的だ）で、ＩＮＳＥＥ（国立統計経済研究所）の数字をベースにした調査を元に、全体評価を平均したトップが２０１２年から２０１４年まで3年連続でアンジェ市だった。[*19]またナント市・レンヌ市・ストラスブール市・メッス市・ナンシー市が例年上位に入り（図８）、共通項は公共交通が充実した中小都市。公共交通導入に熱心な自治体は、住居・福祉等の社会政策にも力を入れ、都市計画を総合的に進めてきた結果「住みやすいまち」になったのかもしれない。また大西洋岸のナント市のように、環境問題に早くから意識が高かった首長の政権が続いた中小都市が多い。確かにアンジェ市は住みやすい。気候は温暖で、治安が良く、「フランスの庭」といわれる豊潤な自然環境に、歴史と文化が詰まったシャトーや教会が至る処に点在する。大学や高等教育機関が充実しており、人口の5分の1が学生で、まちの雰囲気が若々しい。そして市街地には、規模は小さくても、行政機関・消費拠点・文化施設と何でもある。広場のカフェにはいつも人

M）。より大規模な「広域自治体連合」の行政体であるメトロポールとの混同を避けるために、本書では「アンジェ都市圏共同体」と記載する。

*15　出典：アンジェのＰＤＵ（都市交通計画マスタープラン）

*16　出典：http://www.lexpress.fr

*17　データ算出方法は複雑だが、治安、自然環境、今後30年間の震度6以上の地震発生確率、待機児童率、飲食店の集積度、ショッピングセンター、駅、バス停への距離等の22項目が採点の基準。

*18　Avenue FOCH

*19　出典：Les Echo 誌

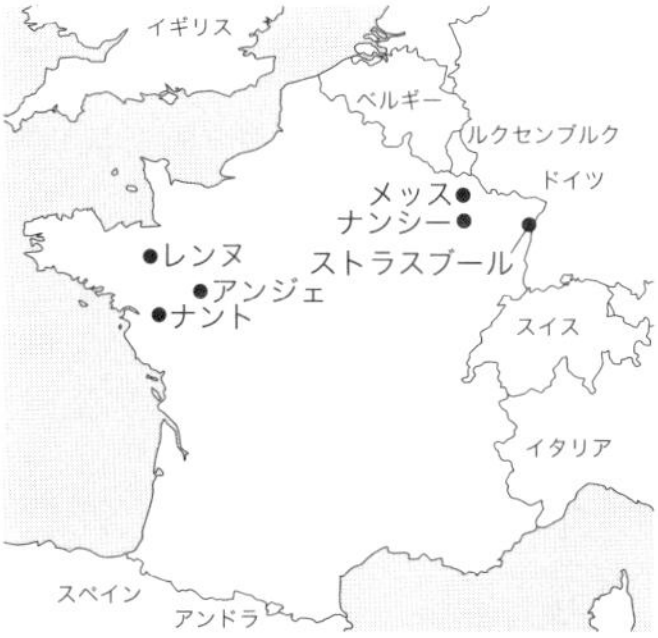

図８　「住みやすいまち」の上位都市

が溢れており、人口は毎年0・2％増加している（図9）。

郊外大型店と共存する市街地の店舗

アンジェ市中心市街地にシャッター通りはないが、郊外には大型店舗もある。市街地からクルマで10分の距離に、近未来的な景観をもつ面積7万1千㎡・パーキングスペース2700台の大型ショッピングセンター・アトール[*20]が2012年に開店した（図10）。生鮮食品店舗はなく、DIY、家具、電気用品等が主流で、年間700万人近い入場がある。ほかにもクルマでアクセスする生鮮食品店舗を含む郊外型ショッピング集積地が3か所もあるにもかかわらず、人々はまちの中にも来る。アンジェ市を中心とする人口31万人の生活圏[*21]に対して、2174拠点の商業施設があり、小売店舗従業員1万2791人のうち、5228人がフロア面積300㎡以下の小規模店舗で働いている。[*22]郊外型の大型店舗と市内の個人店舗の共存が可能になっている。4章ではなぜ小型店舗も元気なのか、その背景と都心の商業を守るために国が採ってきた施策にふれ、アンジェ市を例に自治体の対応も紹介している。

市民のまちなか志向

アンジェ都市圏共同体は、アンジェ市とその北部郊外アヴリエ市[*23]を中心に副都心住宅開発を行い、2030年までに9000戸の建設を予定している。LRTで10分でアンジェ市都心に着く。リーマンショックを経て建設ペースは落ちたが、2016年度末で

＊20　ATOLL　http://www.lsa-conso.fr/l-atoll-vaisseau-commercial-experimental-se-pose-a-angers,129071

＊21　SCOT　本書37頁参照。

＊22　出典：メンヌロワール県商工会議所（2015年）Observatoire de Commerce. 詳細は本書107頁参照。

＊23　Avrillé

図9　いつも人が多い中心広場のカフェ（アンジェ市）

約２６００戸完成予定で入居が進んでいる。中でも人気商品はシニア向けの瀟洒なマンションだ。フランスではかつては郊外の一軒屋に住んでいた住民が、高齢化に伴い、まちなかの「何でも歩いて出来る便利さ」と階段のない平屋づくりのマンション生活を求めて、都心部回帰への動きが活発だ。まちの不動産業者は、「都心では物件を見ずに即購入を決めるクライエントも出てきた」と語る。消費面からみると、たとえば郊外型だった大型店舗チェーン・カルフールも、２００９年から市街地で１８０㎡以下のフロアの小型スーパー「カルフール・シティ」[*24]の経営に乗り出し、２０１４年時点ですでにフランス全土で５００店舗以上を展開している。就労女性や単身世帯が増えた社会背景も手伝って、住まいに近い小規模スーパーの利用が盛んになってきた。都市型スーパーは公共交通の結節点に位置することが必須条件だ。「生活の主要機能・仕事・学校・消費行動の場所などがコンパクトに配置されたまちが、市民のニーズを満たす都市」という意識が益々高まってきている。「そしてある程度の高層建造物をまちなかに建てれば、都心の余った土地に緑空間を確保できる」と環境保全にもプラスだと考えられている。このような都心回帰の動き全体も地方都市の市街地の活性化につながっている。コンパクトシティに対するフランス地方都市のアプローチについては5章で、都市計画策定のメカニズムと計画の実現化のプロセスと実態を、まだ日本では珍しい「マスターアーバニスト・都市計画デザイナー」のプロフィールとともに詳しく述べている。

図10　アンジェ市郊外の大型ショッピングセンター・アトール

＊24　Carrefour ciry　日本にも進出・撤退したことで有名なカルフールは、街なかではフランチャイズ方式で小型マーケットを多店舗展開中で、提携相手に商標や運営ノウハウを提供するコンビニ形式と良く似ている。

フランス人のモビリティ[*25]

フランス人の60%がＬＲＴやバスが利用できる都市圏に居住しており、郊外居住者が24%、生活に車が必要な農村地帯住民が16%だ（図11）。一日に3・15回のパーソントリップがあり、56分かけて25km移動している。就労者の自宅―通勤平均距離が11・1kmで、かなりワークライフバランスが実現されている（表3）。２０１０年の通勤手段の約70%が自動車、15%が公共交通、残りは自転車と徒歩である。移動の動機の約21%が通勤、19%が買い物、13%が子供の学校送り迎えや病院等への付き添いだが、全体の傾向としてレジャーや余暇目的の移動が増え、ベビーブーム世代が年金生活に入り、仕事以外の目的での移動距離分が増加した。また失業者の増加などで、人々の移動時間帯のかつての朝と夕方というピークが緩和し、一日中に分散化されてきている。移動にかける予算は、家計収入から15%の投資や貯蓄を引いた後の可処分所得の13・1%を占める。家計の出費で一番大きく占めるのは、家賃、電気代等の住居に関する必要経費で26・8%、食費が13・3%。その次が交通費なので、一般家計に占める移動に必要な出費の大切さが分かる[*26]（図12）。

クルマ所有の年間経費は、２０１５年では保険、メンテナンス、パーキング、ガソリン等で小型車保有の場合は５７９６ユーロ（72万４５００円）、中型ディーゼル車の場合は７９５４ユーロ（99万４２５０円）だ[*27]。しかし日本と同じくクルマの所有欲は若い世代から冷めてきており、時代はいわゆる「共有する経済」に移行しつつある。クルマは所有せずに必要な折にネット検索を経て、ライドシェア、カーシェアリングなどを利

表3　フランス人のモビリティ

パーソントリップ	3.15 回 / 日
移動時間合計	56 分
移動距離合計	25 km
自宅からの平均通勤距離	11.1 km（2008 年） 7 km（1982 年）

（出典：2012 年環境省「移動調査」）

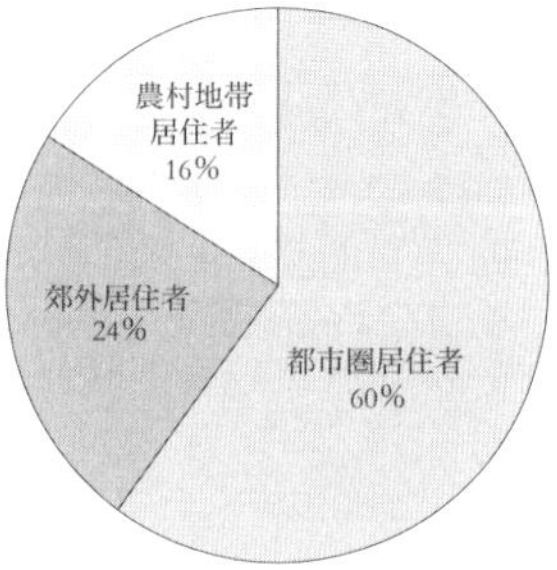

図11　フランス人の住居エリア
（出典：環境省発表 2010 年）

用する人口が増えてきた。[*28] こういったシェア形態はモビリティだけに限らず生活全般に及び、バカンスの滞在先もネットで住居の交換物件を探し、ＤＩＹ用の工具までネットを介したレンタルやシェアリングビジネスが存在する。[*29] メディアはこぞってこの「所有するための消費から共有経済に移行した新しい世代」を取り上げている。だから人々のクルマ離れは進み、少なくとも都会では公共交通を利用する機会がこれからも益々増えると思われる。フランス人と車についても3章で詳しく触れている。

　しかしカーシェアリングだけで買い物・学校・病院・役所・レジャー等の用事が済ませられるのは、クルマなしでも日常生活が可能なように、都市機能が上手く集積したまちが整備されているからである。都心からクルマを排除した地方都市のまちづくりは、日本ではまだまだ合意形成が困難だといわれているが、フランスではこの30年間どのように市民を啓蒙して「歩ける楽しいまちづくり」を実現してきたのか、社会で合意できたことを必ず実現させてきた地方都市の政治と合意形成の仕組み、行政の広報のあり方等については6章で紹介している。

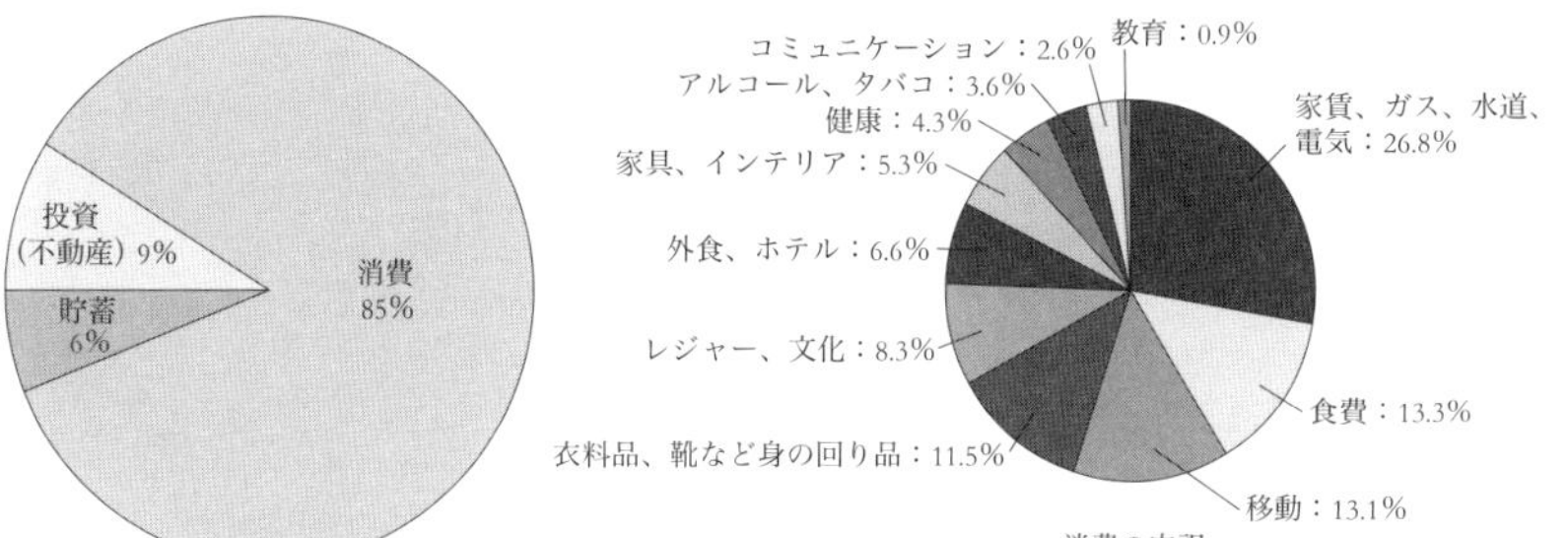

図12　フランス人の可処分所得と消費（INSEE資料を元に筆者作成）

＊25　出典：移動調査（２０１２年）、世帯調査（２０１０年）をベースにしたフランス環境省ＨＰ　http://www.statistiques.developpement-durable.gouv.fr

＊26　出典：Les Echos（２０１５年６月24日）ＩＮＳＥＥの数字を基にした調査。

＊27　出典：ACA: L'Automobile Club Association 発表の数字。小型車は年間走行距離８２２５㎞として、中型車は年間走行距離１万５４７７㎞として算出。車購入の減価償却費を含む。

＊28　都心のパーキングスペースのレンタルや共有まで始まった。たとえばヤン・ベナエン（Yann Bennahen）氏は一時間２・５ユーロで、企業が所有するパーキングスペースを、一般ユーザーに貸し出すパーキングシェアビジネスを立ち上げた。

＊29　２０１４年４人のフランス人のうち３人が、何らかの消費財をネット上における個人間の売買行為の上、購入した。本書１０２頁参照。出典：https://www.e-loue.com/location/ajouter/gclid = CPbx_s6RpMoCFQUewwodeTcNbw

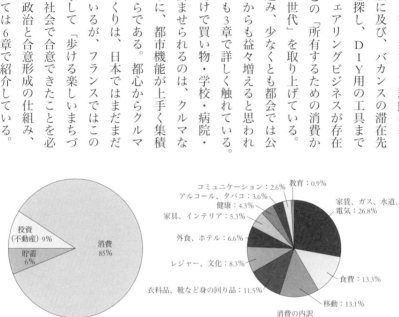

そして「なぜ中小都市が元気なのか」、都市戦略のまとめとして、地方の政治家が地元の経済振興に努力する姿を、環境先進都市ストラスブール市を創生した元市長トロットマン氏と、フランスで住みやすいまち№１に選ばれたアンジェ市の現市長のインタビューで紹介する。

では「歩いて暮らせるまち」の再生を通して、「地方都市の市街地活性化」を可能にした時代背景と法整備の変遷、地方自治体のあり方の簡単な紹介から本書は入っていきたい。

2章　「賑わう地方都市のまちなか」ができるまで

駐車場と化した広場（70年代から80年代）

フランスも１９７０年代にはまちなかが駐車場と化した（図１、２）。現在では徹底した歩行者優先政策を導入しているストラスブール市でさえも、25年前は当時のトロットマン市長によると「クルマが多すぎて、都心の端から端まで歩けない。歴史建造物も大気汚染で壁が黒ずんでいた」。

ちょうど１９７０年代から80年代にかけて都市周辺部に大型ハイパーマーケットが普及し始め、新しい商店集積地で、市民が大挙して消費するようになった。そこでは簡単に駐車できて対面対話なしでショッピングが出来る。日本の消費者には想像できないかもしれないが、元来フランスの商店では店主と客は対等であった。逆にいえば「お客様は神様」では決してなかった。お店に入ると必ずまず「ボンジュール」と挨拶から対話が始まり、「何をお探しでしょうか？」と店員に問われるので、店舗に行く前に客は「消費対象物」をはっきりと自分で把握しておかねばならない。概して店員は専門知識を豊富に持っており、こちらが求めるものを的確に提示し、明確な理由で客の求めるものに合致する商品がない時は、実にあっさりと「じゃ、また次の機会に」となる。日本のように「ちょっとブラッと見たい」とは言えない雰囲気があり、まちの個人店は普通の客

図１　１９６５年のアンジェ市中心広場
（提供：ＡＬＭ）

図２　２０１５年のアンジェ市中心広場
（提供：ＡＬＭ）

には敷居が高かった。２０００年代に入るまでは店舗に「Entrée libre」（ご自由にお入り下さい）というパネルが貼ってあった。それくらい入りにくかった、ということだ。ちなみに「サプライヤーは良いものを供給するから、その商品を必要とする客とは対等」というスタンスはビジネス全般でみられた傾向である。そういった背景を踏まえて、デパートという形態がフランスで生まれ発展したことも頷ける。だから一部の上流階級をのぞいて、一般市民は喜んでハイパーマーケットやその周辺に発展したショッピングモールに出かけた。インテリアも70年代は超高級品か粗悪な家具の両極端しかなかったが、80年代くらいからその中間クラスの商品[*1]が出始め、あらゆる意味で富裕層でも労働者階級でもない中産階級の家族を、郊外のショッピングモールは惹きつけた。その結果、ますます都心の商店街には人の訪れが少なくなった。

景観整備を伴ったまちづくりのツールとしてのＬＲＴ（90年代）

フランスでは１００以上の都市で路面電車が走っていたが、モータリゼーションに伴って１９６０年代にはほとんどの都市で線路がはがされた。しかし、交通渋滞・環境汚染・都心の空洞化などのクルマ社会の弊害が１９７０年代からすでに顕著になり初め、１９８０年代には再び大型公共交通の都心への導入の検討が始まった。この時、交通政策の主体は人口の多いコミューンを中心にして構成されつつあった広域自治体連合であった。１９８５年にはナント、87年にはグルノーブルで、近代型路面電車ＬＲＴが導入された。当時の政府補助金の後押しなどもあり、１９９０年代からは各都市でＬＲＴ整

＊1　イケアのフランス進出は１９８１年

＊2　フランスではＬＲＴをトラムと呼ぶので、本書でも今後トラムとも記載する。

＊3　P＋R：Park and Ride　ＬＲＴ電停の傍に整備された市街地外縁部の大型駐車場。

＊4　1日の駐車料金。市内の地下駐車場の駐車料金は1時間で2ユーロ近い。ストラスブール市のパークアンドライドのＷｅｂサイトは分かりやすい。https://www. cts-strasbourg. eu/fr/se-deplacer/Parkings-relais/

図3　ストラスブール市の超低床車輌と人、自転車で賑わうまちなみ

備が進んだが、中でも華々しく先陣をきったのは世界初の完全超低床車輛を導入したストラスブールだろう（図3）。近未来的な、しかも完全にバリアフリーでスタイリッシュなトラム[*2]が、都心を颯爽と走行する姿は見る者を圧倒した。特に鉄道に興味がなくても思わずカメラを向けたくなる、20年たった今でも優れたデザインの車輛だ。またＬＲＴ導入と同時に徹底したまちの景観整備も行った。今でこそアーバンデザインという表現が当たり前になったが、１９９４年当時、外灯から電停まで徹底してブランド化したストラスブールの都市交通デザインは斬新で、美しい芝生軌道とともに、その後のフランス各都市のモデルとなった（図4）。そしてＬＲＴを単なる交通手段として導入するのではなく、歩行者専用空間の整備、自転車走行の利便性向上、グリーンスペースの充実化等を同時に進めて、まち全体の「快適さ」をひたすら追求した。また郊外の居住者がまちなかにＬＲＴでアクセスできるように、大型パークアンドライド（Ｐ＋Ｒ）[*3]を市街地外縁部に設けて、簡単にクルマを駐車してＬＲＴへの乗り換えができる工夫を施した。今ではＰ＋Ｒ駐車料金を無料に設定している自治体も多いが、ストラスブールでは４・１ユーロ[*4]のパーキング料金と引き換えに、一台のクルマに同乗している７人分までのＬＲＴ往復切符を無料支給するインセンティヴを採用した。

このようにフランスでは廉価な運賃設定と徹底した公共交通利用促進措置を取り、欧州で最も道路が充実したこの国で市街地における車依存からの脱却に成功した。２０１６年現在28都市でＬＲＴが走行している（表1）。都心には人があふれ、日本では余り見かけない歩行困難者、車椅子やベビーカー利用者の外出が大変多い（図5）。こうし

図4　ストラスブール市の景観整備（提供：Eurométropole de Strasbourg 以後ＥＭＳと記す）

図5　ベビーカーも車椅子もまちなかに外出できるまちづくり（アンジェ市）

表1　LRT 導入 28 都市一覧表

自治体名	導入タイプ	路線数	走行距離（百万km単位/年）	トリップ数（百万単位/年）	路線開通日
アンジェ	鉄輪トラム	1	0.9	8.55	2011年 6月25日
オバーニュ	鉄輪トラム	1	0.05	0.02	2014年 7月 1日
ブザンソン	鉄輪トラム	2	0.36	2.98	2014年 9月 1日
ボルドー	鉄輪トラム	3	4.71	75.18	2003年12月20日
ブレスト	鉄輪トラム	1	1.15	9.3	2012年 6月23日
カーン	ゴムタイヤトラム	2	1.26	8.64	2006年11月18日
クルモンフェラン	ゴムタイヤトラム	1	1.29	15.97	2006年11月13日
ディジョン	鉄輪トラム	2	2.11	22.60	2012年 9月 2日
グルノーブル	鉄輪トラム	5	4.28	51.06	1987年 9月 5日
ルアーブル	鉄輪トラム	2	1.15	14.49	2012年12月12日
ルマン	鉄輪トラム	2	1.55	15.76	2007年11月14日
リール	鉄輪トラム	2	1.5	9.4	1909年12月 4日
リヨン	鉄輪トラム	6	6.63	83.62	2000年12月18日
マルセイユ	鉄輪トラム	2	1.21	17.61	2007年 6月 1日
モンペリエ	鉄輪トラム	4	5.43	61.14	2000年 7月 1日
ミュールーズ	鉄輪トラム	3	1.27	13.49	2006年 5月12日
ナンシー	ゴムタイヤトラム	1	0.99	9.72	2001年 1月28日
ナント	鉄輪トラム	3	5.30	72.51	1985年 1月 7日
ニース	鉄輪トラム	1	1.30	29.51	2007年11月26日
オルレアン	鉄輪トラム	2	2.37	20.03	2000年11月24日
パリ	鉄輪トラム ゴムタイヤトラム	6	8.34	222.35	1992年 7月 6日
ランス	鉄輪トラム	2	1.03	7.59	2011年 4月16日
ルーアン	鉄輪トラム	1	1.47	17.57	1994年12月16日
サンテティエンヌ	鉄輪トラム	3	1.68	22	1881年 1月 1日
ストラスブール	鉄輪トラム	6	5.74	69.86	1994年11月26日
ツールーズ	鉄輪トラム	1	1.14	8.71	2010年12月11日
ツール	鉄輪トラム	1	1.26	14.54	2013年 9月 1日
バレンシエンヌ	鉄輪トラム	2	1.74	7.17	2006年 7月 3日

出典：フランス環境省 2015 年 12 月レポート

て1980年代までは車の渋滞で人影が少なかった地方都市の都心部に、トラム（LRT）やバス高速輸送システム（BRT）を導入し、路線バスを含めた公共交通サービスを充実させて、かつてのまちの賑わいを取り戻し、市街地活性化に成功した（図6）。

商店街への行政の対応

1990年代のLRT導入時に都心の商店街は大反対をした。商店主たちはあらゆる手段を使って、当時のストラスブール市長を揶揄しながら反対運動を展開した。「クルマで都心にアクセスできなくなると客足が遠のく」と。LRT路線工事のために伐採対象となった木に登ったまま動かず反対を表明した市民もいた。しかし現在の地方都市では全く逆の現象が見られ、どの商店街もLRT導入に積極的だ。人々は「歩いてウインドーショッピング」が出来ると、まちでの滞在時間が長くなる。パーキングチケットを気にする必要がなくなると、買い物のあとにお茶や食事も映画もという行動につながる。しかし当時の商店主たちには予期できなかった。反対運動に対応するために、行政は「収益減少額の補填」という対策を採った。今では多くの自治体で採用しているが、LRT工事中の店舗の前年度に比較した収益の減損分を行政が補填する。ただし工事前に3年間の営業実績があることが条件だ（過去3年間の収益平均額と工事中の収益額との差額補填の場合もある）。確かに工事中はクルマでも徒歩でも店舗にアクセスしにくい。だからこれは「ご迷惑に対する補填料」であり、決してLRT反対者に対する「緩和策」や「賠償金」ではない。商店主はこの補填額を受け取るためには、みずから商業裁判所

図6　トラムとアンジェ市中心広場

に出向いて申請手続きを行う必要がある。商店主側をも責任づけて、毎年の帳簿等を正確に記載した所得申告がより一層求められるようになった。現在ではハンドブック「補填のガイドライン」があり、ＬＲＴ予定路線の店主たちは工事中に店舗の内装刷新を行うなど、むしろ積極的に工事期間を利用している。そのためにも都市交通計画を施行する行政側は、出来るだけ詳しい工事情報を商店に伝達する必要がある。またＬＲＴ導入の合意形成で市民の議論が紛糾するのは「路線導入地域と電停位置、輸送能力とコスト」である。反対者たちの関心に対してどのように行政が対応してきたか、補填の仕組みとともに6章で詳しく紹介している。

フランスでは単に交通渋滞の緩和のためにＬＲＴを導入しているわけではない。都市計画と連携させて、ストラスブールのリス市長の表現を借りると、「人とクルマが動くラインに沿った都市モデル」をまず構築する。そして大規模商業施設、病院、高校や大学、公共施設などの拠点に電停を設け、ＬＲＴをまちづくりのツールとして徹底利用する。モビリティは福祉、環境とも一体化した都市戦略として位置付けられてきたが、具体的に都市交通計画はどのようなプロセスで決めるのだろうか？

「交通権」を保障し、環境、福祉に貢献する交通まちづくり

ＬＲＴ路線導入対象となる地区の優先順位は、ＰＤＵ[*5]都市交通マスタープランで決める。ＰＤＵは「都市交通のまちの哲学」だ。１９８２年の国内交通基本法ＬＯＴＩ[*6]で、地方自治体に交通政策の企画・実施権限を譲渡するとともに、「交通への権利」[*7]「移動す

＊5　ＰＤＵ：Plan de Déplacement Urbain　直訳は「都市移動プラン」。「都市交通マスタープラン」の意味だが本書ではＰＤＵと記載、あるいは「都市交通計画」と訳す。

＊6　ＬＯＴＩ：Lois d'orientation des Transports Intérieurs　「国内交通基本法」。

＊7　Droit au Transport　日本では一般に「交通権」と訳されている。

る権利」を保障したが、法律で記するだけでは誰も市民に安全で安い交通へのアクセスは保障してくれない。１９９６年の大気法ＬＡＵＲＥ[*8]で、「市民の健康とまちの環境保全」を目的としたＰＤＵの策定を人口10万人以上の都市に義務付け、交付金供与と上手く結びつけて「交通権」理念実現の筋道を用意し、改革の具体的な検討を重ねてきた。環境保護の観点からも、都市圏における自動車利用削減と、公共交通・自転車・徒歩による移動が奨励された。２０００年には連帯・都市再生法ＳＲＵ[*9]で、明確に「都市の開発」と「移動に関する計画」に一貫性を持たせることが「持続可能な発展に不可欠」と認識され、土地利用と交通需要がはっきりと組み合わされるようになった。また自治体の都市交通計画では、専用軌道公共交通計画を上位概念として位置づけた。

おりしも時代は「環境」を意識しはじめ、クルマ以外の交通手段に人々の意識が追いついてきた。２００９年、２０１０年のグルネル第１・２法[*10]に従い、環境保全のアプローチとしても軌道系公共交通導入に国からの補助金が自治体に交付され、軌道系公共交通の大幅拡充が図られた。

集大成となる２０１０年の「交通法典」[*11]では、移動制約者と社会弱者（低所得者）に対するモビリティへのアクセス権が保証された。公共交通導入は、社会政策の一環だ。免許を持たない若年層や高齢者だけでなく、すべての市民がライフサイクルの中で必ず公共交通を利用するシーンがある。だからフランスではまちづくりにおいて経済活性化や都心部再生だけでなく、「高齢化社会に対応できる都市構造が必要」との問題意識を共有し福祉に貢献できる、また車を持てない社会弱者を考慮に入れて「格差を解消する」

＊8　ＬＡＵＲＥ：Loi sur l'Air et l'Utilisation Rationnelle de l'énergie「大気とエネルギーの効率的利用に関する法律」。本書では「大気法」と訳す。

＊9　ＳＲＵ：Loi Relative à la Solidarité et au Renouvellement Urbains　本書では「連帯・都市再生法」と訳す。

＊10　Grenelle II　または　loi n° 2010-788 du 12 juillet 2010 portant engagement national pour l'environnement　本書では「グルネル環境法」或いは「グルネル法」と訳す。

＊11　Code des transports 28 octobre 2010　本書では「交通法典」と訳す。

社会政策の試みの手段としても交通をとらえてきた。フランスの地方都市の交通政策がなぜ「社会政策」であるのか、具体的にバリアフリーと料金の両面から3章で説明している。ＰＤＵでは「公共交通」だけが対象ではなく、歩行者・自転車・自動車交通・パーキング・物流・モビリティマネジメント、鉄道との結節とあらゆる施策が検討されており、「道路を初めとする都市空間全体の再配分」が、「交通を中心としたまちづくり」を進めてゆく上で基本となる哲学であることが一目瞭然だ。同時に自治体は交通と一体化した「広場の活用」などを通じて、人が集積し交流できる場と機会の創出を図っている。また交通は経済でもある。自治体が中心になって行っている企業誘致や大学生を呼び込むための都市間競争において、「公共交通の整備」は必要不可欠な条件だ。

土地利用の誘導

しかし交通が整っても、商業や集客施設が足りなければ人々はまちには移動しない。現在地方都市の議会ではＰＤＵと同時に都市計画マスタープランＰＬＵ[*12]も審議する。ＰＬＵとは各自治体が策定する「土地利用計画」で、この規定書に従って自治体はその領域内の事業認可や建築許可を交付する。[*13]それぞれの自治体が開発地区や農村保存区域の指定などゾーニングを決定するので、地域の社会的、経済的事情に即した土地利用計画になる。交通と土地利用を個別に検討するのではなく、たとえば「住宅開発区域には公共交通を導入、自然保護区域には自転車道路を整備」など、より整合的なまちづくりのヴィジョンを用意している。「都市計画の中にあらかじめパークアンドライドの土地を

＊12　ＰＬＵ：Plan Local d'Urbanisme 直訳は「地域都市計画プラン」。本書では「都市計画マスタープラン」と訳す。

＊13　Permis de construire：自治体が市民や民間の建築事業に対して与える許可で、事業の都市計画マスタープランの規制基準への適合性を行政が審査する。個人の邸宅や10㎡以上のプール建設に際しても許可が必要。本書１１７頁参照。https://www.service-public.fr/particuliers/vosdroits/F1986

確保しておく」なども分かりやすい交通計画と都市計画の融合だろう。行政内の部署ごとの縦割り意識に切り込んでゆかねば実施は難しい。近年ではコミューンごとにＰＬＵを策定するのではなく、経済圏や生活圏で共有する広域都市計画ＰＬＵｉ[*14]（インターコミューン都市計画マスタープラン）を策定する方向性が国から発表された[*15]。日本の「都市計画区域・土地利用規制」を織り込み拘束力があると同時に、地方議会で条例化される将来の自治体発展のヴィジョンを策定するマスタープランでもある。

　人々の動きは行政区分に収まらない。だからまず交通計画が自治体の行政境界線を超えて策定された。それに追随する形で都市計画も広域自治体連合レベルでの策定が求められ、ＰＬＵｉの上位概念として将来の発展の方向性をまとめたのが総合戦略文書ＳＣＯＴ[*16]である。広域自治体連合体を構成する自治体の議員が中心のＳＣＯＴ委員会は、各地方の「国土開発の方向性の決定機関」で、将来の「土地利用及び経済成長計画」を決定する。ＬＲＴを導入するような大規模な交通計画は総合戦略書で決められた地域発展計画の方針に一致しないと策定できない。そしてこの総合戦略書の策定責任者が、「レゼエリュ」（ＬＥＳ ＥＬＵＳ）と呼ばれる「選挙で選ばれた議員たち」である。5章で詳しく述べているが、フランスの土地利用の誘導は地方自治体主導で、都市計画の決定において首長と地方議員の存在が大きい。かれらは地元の住民の利益を代表し、その最大公約数の意見を代弁する者とみられており、議員を尊重することに民主主義との矛盾は感じられていない。

＊14　ＰＬＵｉ：Plan Local d'Urbanisme inter-communal（コミューン間都市計画マスタープラン）。本書ではＰＬＵｉと記載、或いは「広域都市計画」と訳す。

＊15　本書135頁参照。

＊16　ＳＣＯＴ：Schémas de Cohérence Territoriale「統一地域スキーム」。本書では「総合開発戦略」と訳す。地域整備開発プランだけでなく、農地や森林地帯も含めた環境に配慮している。ＳＣＯＴは2000年の「連帯・都市再生法」で制定されており、フランスが20年近くをかけて都市交通計画と都市計画の整合性を求めてきたことが伺われる。州、県、複数のコミューンで形成する広域自治体連合体には徴税権と議会機能があるが、このＳＣＯＴを策定する生活圏にはそういった機能や行政府はない。

地方の政治家と意思決定のあり方

議員報酬は基本給月228ユーロ（約2万8500円）と小額なので、就労している議員が多く、議員と一般市民との距離の近さが理解できる。一般に地域のマネジメントに意欲と情熱を持つ市民が地方政治にかかわっている。3万5885のコミューンのうち、3万を占める人口1万人以下の小さな自治体では、福祉や教育のボランティア活動をしていた市民が定年退職を前後に首長になる、近隣の大都市で勤務している比較的若い年代の村出身者が選挙に出る、あるいは大学の教職などに付きながら議員職に就くなどの例が見られる。地方政治に対する市民の関心の高さも、2014年統一市長選挙[*17]の63・5%という投票率に表れている。副市長は市長が選ぶ議員で、専門性を持ったプロが多く、市役所の各局長クラスと実務で協働する。首長と議会の多数派が同じ政党なので、首長を代表とする与党の描く都市構想が比較的スムーズに議会で反映、運営される。その具体的な動きは5章でアンジェ都市圏共同体副議長のインタビューで紹介している。また自治体の議員構成をみると、女性が半数近くを占め、年代層も多様で、各人口層の意見を代弁できるようにダイバーシティ適応が徹底している。フランスで各行政機関にヒアリングにでかけても、対応相手は子育て中の年齢層も含めて男女比は半々くらいだ。議員も行政スタッフもプロフィールが多彩なので、あらゆる階層の働く人たちの意見が計画案策定でも合意形成でも反映され、都市計画が練られてゆく（図7）。

＊17　フランスでは市長選挙は名簿式投票制度で、最初の議会で市議会議員の中から互選される（通常名簿の第一順位の候補者が市長になる）。それから市長が、市議会議員の中から、それぞれ専門分野を考慮して複数の副市長を任命する。

＊18　Code de l'urbanisme L-300-2「都市計画法典」と訳す。

＊19　Code de l'environnement L123-1「環境法典」と訳す。

図7　アンジェ市議会の本議場（提供：ALM）

合意形成の方法

地域整備や都市交通計画は議員や行政だけが決定するのではなく、必ず市民との合意形成も行われている。都市計画法典[*18]や環境法典[*19]が、合意形成のプロセスにおいて「行政がどのタイミングで市民に情報公開を行うか」を明確に提示し、「市民が意見を表明する機会」も保障した。具体的には自治体での内部調整を経て、プロジェクト周知活動を中心とする事前協議を市役所の裁量・主導で行う（図8）。行政が広報の重要性を十分に認識しており、工夫を凝らしたパンフレットは全戸配布する。ネットも活用して、都市・交通計画にできるだけ多くの市民を巻き込む努力をしている。市民対象の説明会では、「まちづくりのヴィジョンをまず地域選出の議員が紹介」して、それから「行政スタッフが予定路線などの技術的な説明を行い」、政策実現のために行政マンと議員がチームを組み、市民との合意形成に臨んでいる例が多い。市民の利害関係が対立する場合には、まちづくりの長期ヴィジョンを示す都市計画マスタープラン（ＰＬＵやＰＬＵｉ）に沿って、「最大公約数の市民が恩恵を受ける方向性」を首長と議会が決断する。市民の意見徴取を経て行政で再度練った案を「公的審査」にかける[*20]（公的審査委員会は行政裁判所が任命する専門家や有識者[*21]で構成される）。さらに大規模な市民対象の公聴会などを経て、「計画の経済的・社会的インパクト」等を叙述する膨大な頁のレポートを作成する。官選の知事が、最終案における関連法規との整合性を確認して「公益宣言」を発令すれば、「土地収用権」も発生し、工事を開始できる。

このプロセスは公益性の高いすべての公共計画に適用され、「決定及び採決に伴う合

＊20　本書160頁参照。フランスの合意形成のプロセスのうちのステップ。事前協議は日本の情報公開説明会、公的審査は意見徴取などにあたる。

＊21　有識者は計画と直接の利害関係がないことが条件。たとえばＬＲＴ企画の場合は予定沿線での非居住が条件。

図8　アンジェ都市圏共同体主催のＬＲＴ第二路線計画についての事前協議住民集会（提供：ＡＬＭ）

意形成の報告書」にも議会の承認が必要だ。報告書には市民から寄せられた質問と行政側の回答のすべてを記述する必要があり、一般閲覧できる。また工事開始後も、進捗状況や工事中の車の迂回道路を説明する機会を設けるなど、最後まで広報の努力を怠らない。議員と行政スタッフが協働で商店街への対応や広報活動にあたり、新規路線や建築物の完成イベントには市長や議員が積極的に出席する。これらのプロセス実行には、行政側にも相当の覚悟（人材と予算）が求められるが、「計画主体は役所」であり、反対者の説得に時間を費やすのではなく、反対意見のどの部分が企画にプラスの変更をもたらす可能性があるかを共に探る。だが「『反対する市民』が計画を施行するわけではない」という事実が冷静な視線で捉えられている。あくまでも最終的な責任の所在は首長で、市民対象の計画を説明するパンフレットには首長や地域選出議員のコメントを必ず掲載する。

公益性の高いプロジェクトを決定するすべての都市計画や交通計画などの策定は議会で議決される。このように策定された計画内容はできるだけ読みやすいレポートとしてまとめられ、簡単にインターネットで閲覧できる。地方税を財源として活動している地方行政にとって市民はクライアントで、「顔を市民に向けて仕事をする」姿勢は当然といえる。行政がかかわる公益性の高い事業計画策定のプロセスを丁寧に説明して公開し、情報開示を徹底し、結果は分かりやすいように見せる。こういった「役所仕事の透明化」をどの都市でも競っている。6章で合意形成のあり方と広報の具体例を詳しく述べている。

＊22　フランスのＮＰＯ。会長と会計係がいれば結成できる市民団体で、スポーツ振興、文化活動、教育、福祉など幅広い分野で社会に貢献する。現在１３０万のＮＰＯが登録されており、参加人口は１６００万人。またフランスの労働人口の５％がＮＰＯで給与所得者として雇用されている。ボランティア活動中心、趣味を共有する集まりなど団体の形は多様である。

地方都市の賑わい

人々は定年してからのUターンではなく、大学と最初の就職を終えて30代半ばくらいから地方都市での生活、あるいは帰還を考える。職住接近のおかげでワークライフバランスを実現しやすく、パリに比べて広い居住面積を確保でき、また人口50万人以下の中小都市でも音楽や演劇、各種イベントの催しも豊富で都市文化資本があり、スポーツ施設も充実した環境が整っている。市民は子育てを行う都市ではそのまちづくりに関心を持ち、合意形成にも参加して、時間の投資をする。家族と楽しい時間を共有できるためには、都市にはいろいろな機能が必要だ。フランスでも都市に機能ごとの区域を設ける試みの時代があったが、今ではできるだけ「社会的階層や都市機能を混ぜた」多様性のある都市の魅力を高めている。文化・スポーツ・市民運動を企画する Association[*22]（NPO）では、異なる年代の市民が幅広い活動を共有し、地方都市での生活を豊かにしている（図9）。成人の3分の1が何らかのNPOに加盟しており、青年会や女性会とか自分で選べない基準で集まるのではなくて、それぞれの関心と趣味でつながって活動しているのが特徴だ。議会や自治体行政を構成するメンバーにも反映されているダイバーシティと同様だ。

日本より20年早く中心市街地の空洞化現象を経験した欧州都市が、市街地活性化へ向けて見つけた共通回答の一つが、「歩けるまちづくり」を実現するための「都市空間共有の実現」であった。しかし都心への車侵入の減少に成功しても、大半のフランス人にとって自動車が毎日の生活に欠かせない移動手段の一つである事実には変わりはない。だ

図9　6月の夏至の日に開催される「音楽の祭典」では、全くの素人やNPOがパフォーマンスを行ったり、飲食店が屋台を出して祭典の雰囲気を盛り上げる。パン職人たちがお店ごとミュージシャンとして出演（アンジェ市）。

から「場所による自動車利用の最適化」と言ってもよい。「賑わう地方都市の創出」もそんなに簡単だったわけではないし、現在でも都心の空洞化問題が解決していない人口5万人以下の自治体は多い。しかし、ＬＲＴやＢＲＴ[*23]を都心に導入し、地域公共交通を活性化させてきた人口10万人以上の地方自治体は、どこも活気がある。これはフランス中の中小都市を廻っている私の実感でもある。近年では環境への配慮、行政コストの削減を図ってコンパクトシティへの動きもみられる。中心部に人口や都市機能を集めるまちづくりに、中規模輸送のＬＲＴやＢＲＴは最適だ。次の3章では、特徴ある交通計画を導入して都心の活性化に成功したケースの実例を紹介してゆきたい。

＊23　ＢＲＴ：フランスではＬＲＴをトラム、ＢＲＴをＢＨＮＳ（Bus à Haut Niveau de Service：直訳はハイレベルサービスバス）と呼ぶ。フランスのＢＨＮＳの定義については本書55頁を参照。「ＢＲＴについては世界共通な明確な定義がなく、多くの国で、国としての明確な、定量的指標を含んだ定義はない。フランスでは（中略）ＢＲＴ基準のようなものがあるが、これは稀有な例といえる」(出典：中村文彦・牧村和彦・外山友里絵著『バスがまちを変えていく　ＢＲＴの導入計画作法』計量計画研究所、２０１６)。

3章　「歩いて暮らせるまち」を実現する交通政策

1　歩行者優先のまちづくり

歩行者憲章を条例化したストラスブール

中心街の歩行者専用空間の整備が進み、今ではどの地方都市に行っても市街地や中心広場は例外なくクルマを排除した空間になり、「歩ける都心の賑わいの創出」は当たり前になった。フランスで移動形態における徒歩の割合が高いのは、パリ市、マルセイユ市、ルアーブル市の順でストラスブール市は第４位に位置する。[*1] ところが、すべての就労・就学拠点、公共施設から徒歩で５００ｍ以内に公共交通の駅があるストラスブールでも、１km以下の移動の５分の１でまだクルマが利用されているというショッキングな結果が、２００９年の世帯調査で出た。[*2]

そこでユーロメトロポールストラスブール評議会[*3]では「徒歩憲章」[*4]（図１）を策定して２０１２年１月に条例化した。「クルマが出現した20世紀に我々は大きな自由を手に入れたが、同時に『人と混じわる』機会が少なくなった。クルマの登場で、人々は自分の閉鎖空間に閉じこもり、そこに紛れ込むよそ者には厳しい目を向けるようになった。まちを歩き、もう一度、市民がすれちがう『都市空間』を取り戻そう」、「徒歩憲章」の序

図１　ストラスブール広域自治体連合が条例化した徒歩憲章の表紙

＊１　出典：Plan Piéton （２０１２ ＣＵＳ）

＊２　出典：Enquêtes publiques （２００９ ＣＵＳ）

＊３　２０１５年からかつてのストラスブール都市圏共同体（ＣＵＳ・Communauté Urbaine de Strasbourg）は、ユーロメトロポールストラスブール(Euro Métropole de Strasbourg)と名称を変更。県からの業務譲渡を受け、

文は、こんな趣旨の文章で始まっている。つまり「人は歩き、人と出会い、自分とは違った文化や考え方をもつ他の市民を尊重しながら民主主義が育ってきた」と。また1970年代には5歳から10歳の子供の3分の2は徒歩で通学していたが、現在では40％に下がり、5歳から6歳の児童のすでに7・4％が肥満だと指摘している。ストラスブールが位置するアルザス州の成人の17・8％が肥満で、1997年と2009年を比べると2倍に増えている。

WHO[*5]も一日30分は徒歩か自転車で運動することを奨励しており、ストラスブール広域自治体連合のPDU[*6]では「アクティヴ・モード[*7]」と名付け、市民の徒歩と自転車移動の利便性向上を図る方策を記載している。歩行推進に力を入れるのは市民の健康対策だけではなく、平均的な歩行距離が長くなれば、「現在400から500m間隔で整備している電停を、将来700mくらいまで延伸できればインフラコストの節約になる」と考えられている。ただ市民を啓蒙、啓発するだけでなく、「いかに工夫すれば2kmまで歩きやすくなるような道路空間を創出できるか？」という行政側の努力も「徒歩憲章」で見直している。

具体的な歩行推進策

まず街中でのアートやメッセージを通して「楽しいまち歩き」を演出したり、歩行者空間の拡幅につとめる。またアクティブモードが盛んになると、自転車と歩行者の衝突が問題になる。フランスでは「自転車は車道を走行する」規則なので、自転車対歩行者

さらに管轄分野が広がった。本書では実態が把握しやすいように、「ストラスブール広域自治体連合」と記載する。

*4 Plan Piéton 直訳は「徒歩計画」。本書では「徒歩憲章」と訳す。

*5 WHO：World Health Organization 世界保健機関。

*6 PDU：2012年1月に当時のストラスブール都市圏共同体議会で採択した都市交通計画。徒歩に関する目標は、「現在1km未満の移動に占める徒歩率62％を75％まで伸ばし、また1～2kmの移動の徒歩率18％を5％上昇させる」。

*7 カナダで使われ始めた表現。フランスでは自転車・徒歩は「Mode Doux（ソフトモード）」の移動手段と表現されてきたが、市民自らが動くという観点から「Mode Actif」「アクティヴ・モード」という表現も使われる。

*8 自転車15万トリップに対して歩行者との衝突事故10件・2004年から2008年まで死亡事故ゼロ（出典・ストラスブール世帯調査、2009年）。

の事故が少ないが、[*8]それでも歩行者の安全を守るために歩行者空間の等級化が進んでいる。第1は「ゾーン30」。自動車と自転車は時速30km以下で走行する（図2）。現在の都市における制限速度50kmで走行する自動車と人間が衝突すると、3階からの落下と同じショックを受けるそうだ。だから自動車への道路上の障害物や速度制限を設けて、走行規制をかけている。第2はZone de Rencontre「出会い空間」（図3）。車に対して完全な「歩行者優先空間」で、車道を歩いても横断していても歩行者が優先される。都心で最近よく見られるようになったが、自動車は時速20km以下で走行する。第3はAire Piétonne（図4）で、完全な「歩行者専用空間」。自転車は歩行者専用空間に侵入できるが、時速6kmを超えてはならず、歩行者が必ず自転車に対しても優先権を持つ。荷捌きの自動車は午前11時くらいまでと、午後7時以降は歩行者空間にアクセスできる都市が大半で、ライジング・ボラード（図4）が商店街の至る処に整備されている。ストラスブールではLRTやBRTなどの公共交通の新規導入の全体予算の最低1％を、電停付近半径500m以内の歩行者対策に向ける。[*9]

「歩くこと」への市民の関心を惹く啓発活動の一環として、

図2　「ゾーン30」。「歩行者、自転車、車で道路空間を共有しましょう」とのメッセージがゾーン30の入り口にある（アンジェ市）

図3　「歩行者優先空間・出会いの空間」。商店街であるため、搬出搬入用車輌は15分まで街路駐車可能と記載されている（アンジェ市）

図4　歩行者専用空間。手前にライジングボラード（読み取り機にカードをタッチするとボラードは地中に沈み、救急車やタクシー、警察車などの社会サービス車はいつでも歩行者空間に進入できる）が設置されている。

モビリティマネジメント（ＭＭ）も怠っていない。交通結節点における徒歩の利便性向上や、十字路交差点での歩行者の移動を簡素化する必要性も挙げており、徒歩憲章で渋谷の交差点の図が挿入されているのも楽しい。まち全体を「楽しく歩いて」移動できるように歩道の整備に着手しているが、中でも鉄道中央駅から市役所までの６kmの幅広い「主幹歩行道路」の工事が始まっている。細切れに「歩行者専用道路」を整備しても市民は歩けないので、連続した歩行道線の確保が必要だ。そして歩道整備とはただ道を舗装したり拡充するだけではない。普通の人は５００ｍくらい歩くと座りたくなるので、ベンチを木陰に設ける。歩行者目線の高さで方向標識を設ける。こんな細かいところにも同時に配慮している。こういった歩行者を大切にするまちづくりは、ストラスブールだけでなくフランスの地方都市に共通している。西部のナント市では街中の歩道に引いてある緑の線をたどると、ちょうど一日で観光スポットを回れる趣向で楽しく歩ける工夫が満載だ（図５）。

歩行者安全対策

歩行者の安全対策において、フランスの道路では「あぶない」や「スピードを落とせ」の類のパネルを全く見ない。その代わりに道路上には走行中のクルマがスピードを落とすための様々な措置が取られている。たとえば「寝ている交通取締官」。道路に盛り上がり空間を設置して自然にクルマのスピードを落とさせる（図６）。横断歩道付近では道路両横に植樹して道路幅をわざと狭くして、ドライバーの注意を喚起する。歩行者が

＊９　たとえばＬＲＴ／Ａ線の延長工事が行われているルドロフ（Rudloff）駅では、電停への徒歩アクセスの利便性を高めるため、歩行者横断スペースの安全化などの工事に７万ユーロ（約９００万円）を投入した。

図５　道路上の標識・文化センターまであと１６０ｍと書かれている（ナント市）

図６「寝ている交通取締官」と名付けられた、道路上のマウンド（ストラスブール市）

ＬＲＴの至近距離を歩く風景はヨーロッパでは普通だが、特に危険な場所には歩行が困難なように石を舗道につめて歩行者の自然な迂回を促している（図７）。２０１４年の歩行者の事故死亡者は４９９人（日本の２０１５年の歩行者事故死者数は１５３４人）で、そのうちの60％が自動車との衝突事故が原因だ。[*10]

「歩行者優先道路」と「歩行者専用空間」

どの都市もこのように思い切った歩行者専用空間づくりに徹しているわけではない。ストラスブールの北西に位置するナンシー市は、金沢市と日仏姉妹都市として40年近くの長い交流の歴史を持つ。ＴＶＲ[*11]（ゴムタイヤトラム）を２０００年に、ＢＲＴ（バス高速輸送システム）を２０１３年に導入したが、まちの中心にはまだかなりの自動車通行がみられる。ナンシー広域自治体連合交通政策部によると、「クルマを残しても歩道をより歩きやすくして、交差点では歩行者の安全性を守るなどの措置も『歩行者優先空間づくり』につながる」。人口10万人のナンシー市の規模だと、近郊のコミューンから都心に来る人でまちが賑わう。公共交通が都心で充実していても、郊外からクルマで直接都心までアクセスできる可能性を残す必要がある。ただし、ナンシー市の中心にあるユネスコ世界遺産スタニスラス広場まではクルマは侵入できない。昔は１日に１万５千台のクルマが通行していたが、現在は完全な歩行者専用空間だ。こうして、フランスの地方都市はそれぞれの地勢条件と経済状況に従ってまちの整備を行っている。歩行者専用空間としての広場の活用については４章をご参照いただきたい。

図７　歩行者に横断してほしくない場所には歩きにくい石を配置（ナント市）

＊10　出典：INSEE; Insécurité Routière 2014　及び
http://www.preventionroutiere.asso.fr/Nos-publications/Statistiques-d-accidents/Accidents-pietons
日本警察庁交通統計

＊11　ＴＶＲ：Transport sur les voies réservés　直訳は「専用軌道輸送」。「トラム」と地元では呼ばれているが、フランス道路法に拠って運行されるＢＨＮＳ(ハイレベルサービスバス)。軌道上と無軌道走行の双方が可能なゴムタイヤを装備している。

パリを初めとして、フランス中で進む歩行者専用空間づくり

　観光客が多いパリでもドラスティックな方針を打ち出した。パリ市はすでに２０１２年からセーヌ川左岸の川沿いにあった元自動車道路２・３㎞の歩行者専用空間化に成功している。セーヌ川右岸も、２０１６年夏のパリビーチ*12（図８）後は３・３㎞の車道を歩行者空間化することが、２０１５年12月の市議会で決定した。このセーヌ川岸の道路はパリ市内を東西に横断する際に大変便利な道路で、東京の中心を貫通する道路を３㎞閉鎖するなど、多分日本の人には想像もできないだろう。パリ市長の言葉には、「呼吸できる空間の提供」「バスティーユ広場からエッフェル塔まで歩いて楽しめる動線の確保、川岸にはソフトなモビリティを」「生物的ダイバーシティの発展」（植樹や公園整備を行う）「経済活動の発展」（レストラン・カフェ・プールなどを進出させる）「観光拠点としての価値の向上」とある。また同じ動線にＬＲＴ導入の企画もあり、益々楽しみなセーヌ河畔整備だ。一方シャンゼリゼ大通りの２㎞車線でも、２０１６年５月８日から、毎月第一日曜日の11時から20時まで歩行者天国化が実施されている。

　これは、「観光対策も含めて『歩ける空間』の創出のため、どのような施策が必要か」を問うている。環境対策や高齢化社会への準備で、小型電気自動車や自動運転車の開発等が盛んな日本と全く次元の異なる論理だ。自動車社会の低密度の都心は人が少なくなる。日本では週末の多くの時間をイオンで過ごすイオニストという表現がある。クルマが走る中心市街地の商店街は家族連れには向いていない。オムツを交換するスペースも、疲れた時に気軽に安く食事できる場所もないまちなかには人は集まらない。これはフラ

*12　社会党の環境保全推進派市長が２００２年から始めたパリ・プラージュ（パリ・ビーチ）は、コスト高を野党から批判されながらも毎年続いている。人件費、遊戯道具、椅子、椰子の木、約６千トンの砂などの整備等で、２０１３年度のコストは１５０万ユーロ（約１億８７５０万円）だったが、年間４００万人近い訪問者があるといわれている。２００９年にはコストの60％近くが、スポンサー、出店したカフェ、雑誌や小物販売店のキヨスクなどからの支払いで賄われた。

図８　パリビーチ　チェアがある場所は普段は車が走る道路空間

ンスでも全く同じ現象だったので、都心の賑わいを取り戻すために、各地の地方自治体は、クルマに奪われた都市空間を歩行者に取り戻すために努力を続け、様々な施策を取り入れてきた。もう十分に人が溢れているパリでさえも、車と歩行者の間でのスペースの共有と使い分けに工夫をしている。

2　自転車政策

世界第4位の自転車都市ストラスブール

アクティヴ・モードの片輪である自転車利用促進にも、地方自治体は熱心だ。２０１５年６月にナント市で開催された自転車都市世界大会（図９、10）でフランス政府代表は「２０１４年度の自転車売り上げは３００万台で、[*13]７％の増加。雇用も３万５千創出された」と自転車の経済効果を強調した。そのうち電動自転車が８万台を占め、37％の売り上げ増加で、高齢化社会への対応も窺える。フランス全土で自転車専用道路は現在すでに１万１千km整備済みだが、国の目標は２万１千kmである。ちなみに日本では自転車専用道路は全国で３００kmに満たない。世界の自転車都市としてはコペンハーゲンやアムステルダムが有名だが、デンマークの統計[*14]によると、ストラスブール市は世界で第４位に自転車利用率が高い。ストラスブール広域自治体連合の面積３１２㎢に自転車専用道路が６００kmあり、駐輪アーチは２万本整備した。そこに至るまでには30年の努力がある。自転車世界都市大会にパネリストとして出席したストラスブール市のリス市長

＊13　ドイツ、イギリスに次ぐ。オランダは人口が少ないので、モビリティに占める自転車利用率は高いが、全体としての自転車売り上げ台数は少ない。

図９　楽しさ一杯の自転車世界都市大会パレード（ナント市２０１５年）

図10　自転車世界都市大会イベントにて

が、同市が自転車推進に成功した要素を三つ挙げている。第一に「道路行政の見直し」。自転車交通安全の保証は当然で、クルマの走行速度制限、十字路における自転車動線の確保など新しい道路のあり方に投資する。道路空間の再配分に歩行者と自転車を最初からカウントする。第二は　駐輪対策。フランスでは盗難が多い。誰だって2回続けて盗まれたら自転車はあきらめてしまう。ストラスブールでは、自転車置き場の整備を、自治体が業者にマンションの建築許可を与える際の条件にしたり、企業を対象に駐輪場の整備を推進するモビリティマネジメントを行っている。最後の成功条件は文化的な戦い。1960から70年代のモータリゼーション華やかな頃、自転車は貧乏人の乗り物だとみなされていて、その社会的な固定観念から脱出できていない人口層がまだ残っている。

市長は、自転車利用を進めるには「あくまでもプロモートすること」と「交通政策全体のガバナンス」の工夫が大切だと力説した。「長期的展望を持ち、時間がたっても整合性を失わない自転車政策を行政がきっちりと打ち出す。そのためには現在の自転車利用状況をまず分析して、どうすれば現状に適応した推進策がとれるか、どこを改善すれば自転車利用者が増えるかを考えてゆき、また自治体警察とも協力する必要がある（図11）。ストラスブール市長として中心街からはクルマと駐車場を減らし、また駐車料金もまちの中心では割高に設定して、自転車利用に適した道路環境づくりを行ってきた。こういった一連の一貫性のある政策の遂行に必要なのは、次の選挙を賭けた我々政治家の勇気だ。」[*15]

図11　自転車運転違反（赤信号無視など）を取り締まる警察官（ストラスブール市）

＊14　出典：cabinet danois Copenhagenize 1位コペンハーゲン、2位アムステルダム、3位ユトレヒト、4位ストラスブール、7位ナント、8位ボルドー、17位パリ。1位のコペンハーゲン市内の自転車がモビリティに占める率は45%にものぼる。

＊15　開催都市ナントの市長を1989年から2012年まで務めたエロー氏（Jean-Marc AYRAULT：2012年から2014年まで首相を務め、現政権の外務大臣）とともに、ストラスブール市の市長として、リス氏は早くから環境に留意した交通政策を進めてきた。その発言には、クルマ時代から苦労してきた政治家の実感がこもっている。

＊16　PDE：Plan de Déplacement d'Entreprise　直訳は「通勤交通プラ

自転車のモビリティ・マネジメントと自転車愛好団体の活動

企業対象モビリティプラン[16]の一つにイベント「Au Boulot à vélo」がある。[17]２０１５年6月15日から28日までの間、企業や役所などの職員が自転車で通勤した全走行距離をMappy[18]のアルザス版で算出して競う「自転車で通勤する」イベントで、１９７５年設立の「自転車愛好協会 CADR 67」[19]が、２００９年から主催している。このプログラムの優れたところは、イベントが一過性でなく、市民が自転車通勤を続けられるように様々なサポートを「自転車愛好協会」が提供していることだ。たとえば会員が企業に出向いて職員の自転車の安全状態の点検はもとより、盗難防止装置の装着や自転車専用道マップの説明に始まり、希望があれば職員の通勤コースに付き添う自転車エスコートまで引き受けている。また「興味はあるけれど自転車を持っていない」市民には、「ヴェロホップ・Vélohop」（図12）レンタルサイクルの利用法を説明する。イベント期間中はレンタルを希望する職員用に、企業が保証金なしでヴェロホップから自転車を借り出せる。自転車ショップ9店舗もイベント参加自転車のパーツは10％引きで協力する。[20]この運動は大きな成功をおさめ、２０１５年からはＮＰＯの活動範囲とストラスブールの枠を越えて、アルザス州全体のコミューンが集結して同様のイベントを企画している。バスサービスも少ない小さなコミューンでも自転車通勤奨励に努めていることに驚かされる。[21]

フランスの市民団体は、都市計画や交通政策の全体コンセプトや構想に関しては自治体の提案を聞く側にまわる。市民側から具体的なまちづくり政策を提案するようなケースは稀だ。その代わり、自治体の情報公開とプロセスの透明性が徹底しているので、意

ン」。本書では「企業対象モビリティプラン」と訳す。

*17 「Boulot ブロ」は仕事、「Vélo ベロ」は自転車の俗語。「オ・ブロ・ア・ベロ」と韻を踏んで「自転車で通勤しよう」。自転車は bicyclette（ビシクレットと発音）。俗語のベロの方が使用頻度が高い。

*18 http://www.vialsace.eu/fr/itineraires-en-alsace/4/JourneyPlanner/Index

図12 「1時間から1年まで自転車レンタルできます」ヴェロホップのお洒落な案内（ストラスブール市）

見徴取に参加する機会が多い。一方で市民が自ら興味や関心が高い分野ではどんどん積極的な活動を提案し、イベント実現の補助金等を申請するためにＮＰＯ活動計画の上流段階から行政とコンタクトを取る。教育、福祉、スポーツ、文化など幅広い分野で行われるＮＰＯ活動の多くが、社会貢献も目的としているので自治体からの補助金も支給される。たとえばストラスブール市予算の約11％がＮＰＯへの補助金、あるいはＮＰＯ主催イベントへの参加費負担として交付されている。[*22] 市民はそういった活動を肩肘張らずに楽しく行っている。

フランス各都市で進む自転車レンタルシステムとコスト

自転車を購入せず、レンタル自転車で通勤通学を行う市民も増えてきた。現在フランスの10都市で自治体がワンウェイ式レンタル自転車システムを管理しており、パリのヴェリヴ[*23]やリヨンのヴェロヴ[*24]は日本でもすっかり有名になった。こういった乗り捨て式で感心するのは各自治体が設定する細かい規則だ。たとえばパリ市内北部では坂道が多いので、どうしてもレンタルポートにある自転車の台数が少なくなる。レンタル自転車の管理をするＪＣドコー社[*25]のトラックが自転車を何台も積んで鉄道駅前まで運んでくる風景を大都市ではよく見かける（図13）。パリでは坂の上にあるレンタルポートに自転車を駐輪した場合には、15分間のボーナスがつく。実際には1時間使用しても45分の利用料金しかチャージされないというきめ細かい工夫だ。

アンジェ市のような小都市でも３５０kmの自転車専用道路が整備されており、学生が

*19　CADR67は『ストラスブールのまちづくり』25頁でその歴史を紹介している。

*20　http://www.auboulotavelo.eu/ 賞品は、優勝した企業の参加者全員にリラックスマッサージコース。2等と3等の企業にはマグカップが参加者全員に支給。

*21　こちらのイベントの賞金としては、優勝企業職員全体の走行距離1kmあたり０・０５５ユーロが、主催者からＮＰＯ「Cycles et Solidarité 自転車と連帯」に支払われ、その代金でフランスで利用されなくなった自転車が修繕され、まだ自転車が日常生活の主な移動手段である東南アジアに寄付される。

*22　出典：ストラスブール市役所ＨＰ。補助金交付先のＮＰＯ活動内容は、教育、文化、青少年、スポーツ対策、社会福祉活動、観光振興、環境保護活動の順。アンジェ市では補助率が16％で社会福祉活動、文化や歴史遺産保護、スポーツ・レジャー推進、児童対策、まちづくりの順。

*23　Vélib：Vélo en libre-service「セルフサービス自転車」の意味。

*24　Vélo'v：Vélo love　ワンウェイ自転車レンタルシステムは２００５年にリヨンで始まった。ストラスブール

多いので、「1年間無料レンタル・ヴェロシテ」[*26]サービスを設定している（図14）。住居証明があれば、籠付きの乗り心地の良いシティサイクルを自治体が貸し出しており、1年間留学などの学生たちにも大変評判が良い。紛失すれば登録したクレジットカードから350ユーロが引き落とされる。実はアンジェ都市圏共同体も都市イメージ向上のために「乗り捨て式ワンウェイ自転車レンタル（VLS）」を2015年までは設置していたが、廃止してしまった経緯がある。VLSは1年につき1台3千ユーロ[*27]かかり、採算が取れるには一日にかなりのローテーションで利用される必要があるが、小都市では十分な利用頻度が確保できない。また利用促進には500mごとに自転車の返還拠点を作り、アピールする必要がある。それに対して自転車の1年間無料貸し出しは1台200ユーロしかかからず、3千人のユーザーがいる。中小都市としての投資対効果を考えて、すでに10年前から存在する「無料レンタルシステム」に投資を集中したわけだ。それでも1年に20万から30万ユーロの予算が必要だが、「自治体として提供できるサービスとそれを利用する人数」に対する投資額のバランスを取り、公共サービスの向上を考えている姿が窺われる。アンジェでは、むしろこれからは電気自転車が2台目の車利用に代わると考え、電気自転車のプロモーションを検討している。ちなみに4人の職員がヴェロシテを担当している。自転車のレンタルまで、自治体が関与していることに日本の方は驚かれるだろう。自転車政策も都市交通計画の中では大きな位置を占めており、「持続可能な発展都市」をめざすならば、「環境に優しい」交通モードへのシフトを自治体が支援する、あるいはそのインフラを整備するのは当然だという考え方が土台にある。

図13　JCドコー社のトラックが自転車を何台も積んで鉄道駅前まで運ぶ（リヨン駅）

図14　一年間無料レンタルのアンジェ都市圏共同体の自転車ヴェロシテ。トラムのモックアップの横に展示して、「公共交通＋自転車」でモビリティ性能を上げることを狙っている

自転車マスタープランの制定

フランスでは信号待ちで自転車の待ち位置がクルマの前に設けられることも、各都市で珍しくなくなった（図15）。こうして、各自治体はインフラ（道路・駐輪）・安全対策（標示、信号）と同時に、自転車専用道路マップを作成するなど、自転車に乗りたくなるような様々な工夫を総合的に進めてきた。

単に「自転車が環境にやさしい」だけでは人々は自転車に乗らないだろう。ヴェリヴなどのレンタルサイクルが普及したのは、ママチャリタイプの生活用自転車が都会で利用できる道路環境の整備と時期を同じくしている。安全に便利に動ける都心の道路整備のために、各都市で自転車マスタープラン[*28]の制定が進んでいる。たとえばアンジェ都市圏共同体では自転車専用道路整備ガイドラインとして、専用道路の舗装、交差点、バスや歩行者との道路共有の施策、安全対策標識等を丁寧に説明している。パリやリヨンに比べれば決して「自転車先進都市」ではない小さな自治体でも、自転車利用推進構想が整いＰＤＵに組みこまれており、推進の実現に向けた具体的な方針が提示されている取り組みに注目したい。

何が人々を自転車利用に向かわせるか？

ツール・ド・フランスのお国柄ゆえ、自転車にはどちらかといえばかなり敷居が高いスポーツのイメージが強かったが、最近では自転車をレジャーとして楽しむインフラが整っている。その中でも有名なのは、８００㎞の自転車専用道路をつなぎ、国有鉄道会

広域自治体連合は住民世帯の自転車利用率が高かったので、ヴェリヴのような乗り捨て式ワンウェイレンタル自転車システムは採用しなかった。かわりに観光客用にかなり割高の１日レンタルサイクルを設けている。

＊25　ＪＣドコー：電停や自転車駐輪所での広告権入手の代わりに、インフラのメンテナンスや自転車管理を請け負うビジネスモデルを構築した会社。

＊26　Vélocité「自転車都市」という意味

＊27　ＶＬＳ：Vélo Libre Service セルフサービス自転車。数字は、アンジェ都市圏共同体運輸と移動部長カバレ氏提供。

＊28　Shèmas Directeur Vélo「自転車マスタープラン」

＊29　ＬＲＴのように１００％専用軌道を走るわけではないので、正確にＢ

図15　アンジェ都市圏共同体策定の自転車利用マスタープランに示されたバスとの共有レーン（提供：ＡＬＭ）

社SNCFとコラボした「ロワール河お城めぐりサイクリングロード」だ。利用者はたとえばパリからツール駅まで鉄道で移動して、駅で自転車を借りて古城の宿泊施設や民宿を利用しながらロワール河に沿ってサイクリングを楽しむという趣向で、大変な人気だ。必ず自転車専用道路標識があり、８００kmのコースでは各県にまたがるために複数の行政単位が協力して、専用道路の管理なども行っている（図16）。「歩いて楽しい」と同じく「乗って楽しい」自転車専用道路がフランス中に整備された結果の１万１千kmである（図17）。

3　バスの活用

フランスのＢＲＴ（バス高速輸送システム）の特性と定義

人口15万人以上の主だった地方都市ですでにＬＲＴが導入されたフランスでは、都市との一体性に配慮した高機能なもう一つの公共交通としてＢＲＴ、それも「これはトラムか？」と思うような素晴らしくデザイン性の高い車輌の導入が進んでいる。[*29] ＢＲＴは専用軌道敷設が必須ではないので、「都心の道路が狭い」「道路空間をクルマと共有する合意形成が難しい」といった条件に、比較的柔軟に対応できるとみなされてきた。輸送能力は１時間で３千人が最大と試算される。整備コストは沿線景観整備のグレードによって大幅に変わるが、１kmあたり５・６から６・３億円。バスの寿命は15から20年、ＬＲＴは30から40年である。[*30] 環境省の交通研究所 CEREMA[*31]が、インフラと運行条件のハー

図16　ロワール河沿いの自転車専用道路のサイン

図17　決して珍しくはない、二方向自転車専用道路（サーブルドロンヌ市）

ド、利用客へのサービスのソフトの両面からフランスのＢＲＴを明確に定義して位置づけている。

ＢＲＴの第一条件「快適なバリアフリー電停と車両」で「軌道の最低70％が専用レーン」

　ＢＲＴはその車体デザインが話題になるが、メルセデスを導入したストラスブールやナント[*32]、オランダのヴァンホールを採用したメッス[*33]（図18）、イタリアのクレアリスを採用したナンシー[*34]やルーアン[*35]など、いくつかのグループに分けられる。「まちの個性」を演出するために、標準車体を購入してから外側カラーや車内備品のデザインなどをデザイナーに特注したり、あるいは入札時から独自のデザインを仕様書に入れたメッスのような都市もある。ナンシーの交通政策担当者は「交通手段はまちのアイデンティティ。格好良くしたいのは当然で、議員たちもこの予算だけは死守した」と語る。バリアフリーに関しては、「介添えなしで、車椅子移動者が一人でバスに乗降できる」仕組みがフランス全土のＢＲＴや多くの路線バスで装備されている。車体中央部ドアの横に位置するボタンを押すと３５０kgまで耐えるスロープが出てきて、車椅子利用者は簡単に一人で乗り降りが出来る（図19）。ルーアンではシーメンス製光学読み

図18　METTISと名付けられたメッスのBRT（オランダのヴァンホール）

ＲＴ運行都市をカウントするのは難しいが、26都市で運行中、18都市で導入準備中。本書42頁参照。

＊30　出典：CEREMA　1㎡あたり４人乗車、3分に1台運行として算出。フランス道路法に従いバスの最大長は24・５ｍ。

＊31　Centre d'études et d'expertise sur les risques, l'environnement, la mobilité et l'aménagement：「リスク、環境、モビリティ及び都市整備調査局」。本書では「交通研究所」と訳す。環境省に属する研究所で３１００人を擁する。

＊32　Nantes Métropole ナントを中心とした広域自治体連合。本書では「ナ

図19　完全バリアフリー車輌の乗降口スロープ（メッス市）

取りシステムを搭載しているが、大半のＢＲＴ導入都市ではガイダンスなしで、運転手の技量で停留所から幅５㎝以上を開けずにバス車輌を停めている。道路中央に目安となる直線を引く、あるいは停留所側に正着しやすいような特殊な縁石加工を施している都市が多い。

バリアフリーは低床車両導入と電停の高さ調整で達成できるが、どの都市もバス専用レーン設置には知恵を絞っている。理想的な二方向ＢＲＴ専用レーン化[*36]に成功している都市もあるが（図20）、一般車の横断が可能な専用レーン、タクシーや自転車と道路を共有するＢＲＴレーンなどもあり、都市ごとにスペースが許す範囲でバスの優先性を確保している。[*37]中でもルーアンが行っている工夫は傑出しており、電停や信号のある付近のみ道路中央帯に専用レーンを設け、ＢＲＴの速達性・定時性を確保している（図21）。そして大切な点だが、車と道路を共有できる工夫をしている。専用レーンへの一般自動車誤侵入禁止のためには、分離帯を設ける（ナント）、分離帯整備スペースがない場合にはレーンの道路カラー識別化（メッス）、見やすいパネル「ＢＲＴ専用」の設置（ストラスブール）、バリケードの

図20　中央分離帯を設けた完全二方向ＢＲＴ専用レーン。ＢＲＴ電停の両横レーンが一般自動車道路（ナント市）

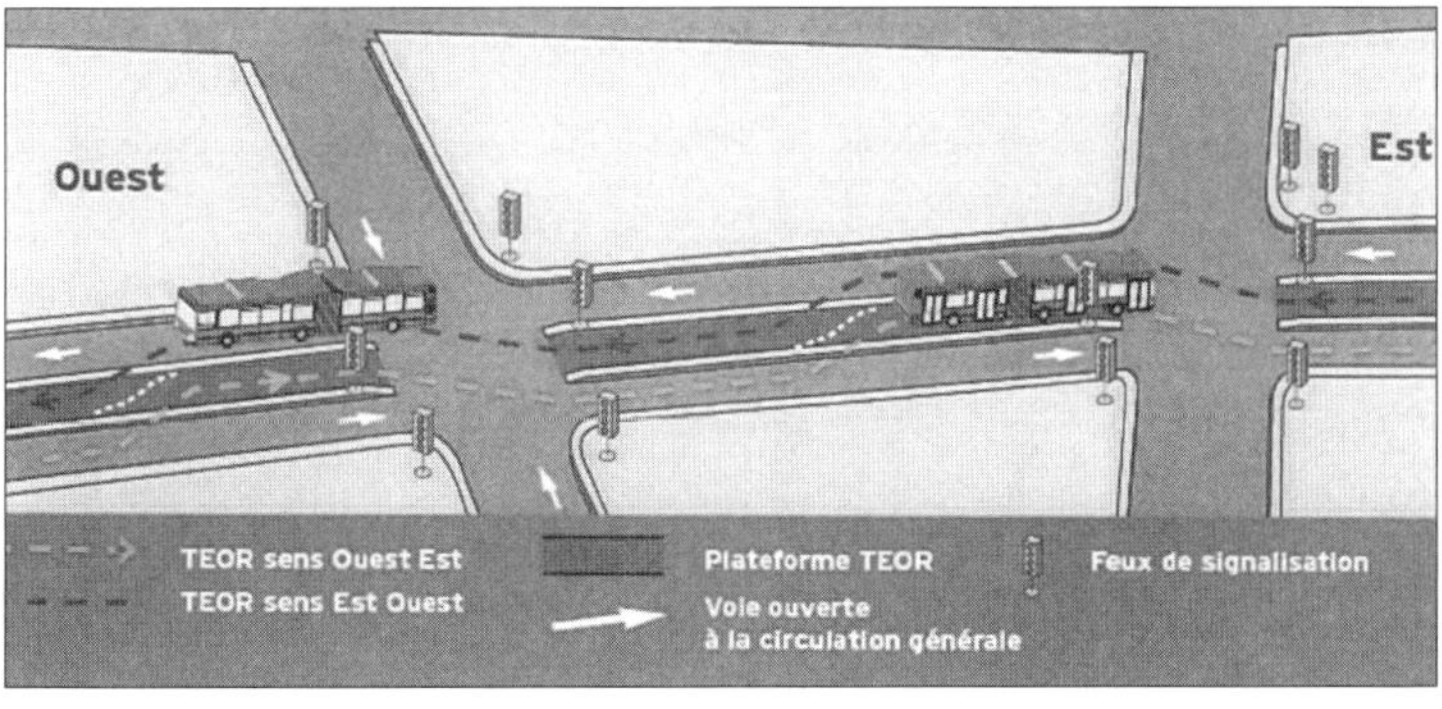

図21　双方向中央帯専用レーン。電停や信号のある付近のみ道路の中央帯に専用レーンを設け、ＢＲＴの速達性や定時性を確保（提供：ルーアン広域自治体連合）

設置（リヨン）など実に様々な解決法がある。都市間の相互調査が盛んで、他都市での経験を上手く取り入れながら、それぞれ独自の解決策を試みている。また雨風から守られるバリアフリー電停も必須条件だ（図22）。ＢＲＴの運行情報をリアルタイムで表示するパネル、電停付近の地図や乗換案内の完備など、乗客の利便性を考慮する。

速達性、定時性、高い運行頻度と優先信号の適用

多くの都市が、公共交通を優先する、ＬＲＴと同じ自動信号システムを採用している。[*38] バス車体が磁気ループをはめ込んだＢＲＴ専用道路を走行すると、青信号がコマンドされる。利用客の乗降時間が掴めない停留所付近の信号拠点では、運転手が手動で青信号に変換できる。自治体警察の首長は市長が務めるので、新しい交通規制の導入に際して警察との交渉等はハードルにならない。驚いたことにメッスやナンシーなどは、一般自動車も含めて、「すべての道路の信号管理を総合管制センターで一元化して行っている」。メッス交通当局の説明によれば、「余りにもシステムが上手く稼動していて、クルマも赤信号で長く待たないの

図22　ＢＲＴ電停にはＬＲＴ電停と同じ快適性を持たせる（メッス市）

ント」と記載する。広域連合の中心となるコミューンのみに言及する際には「ナント市」と記載する。以下同様。

＊33　Communauté d'agglomération de Metz Métropole　メッス市を中心とした都市圏共同体。

＊34　Métropole du Grand Nancy　ナンシー市を中心とした広域自治体連合。

＊35　Métropole Rouen Normandie　ルーアン市を中心とした広域自治体連合体。

＊36　専用レーンには2種類ある。①一般車用車道との間に分離帯を整備し、物理的に消防車・警察車を除いては、一般車・タクシーは入れないバス完全専用2方向レーン。②分離帯を設けていないために、一般自動車の横断だけは可能なバス専用レーン（双方向と一方向のケースがある）

＊37　一般車とＢＲＴとの共用レーンの実例は多種みられる。①片方向のみＢＲＴ専用レーン化。②交通量の多い時間帯のみバス専用レーンを道路片側だけに設け、反対車線は自動車とバスは並走させる（リヨンの例）。③電停や信号のある付近のみ道路の中央帯に専用レーンを設け、ＢＲＴの速達性・定時性を確保する（ルーアンの例）。

で、ＢＲＴへの乗り換えが思ったほど早く行われていない」。

信用乗車とＩＣＴを駆使した運行情報提供システム

運行状況がカーナビと同じようにＢＲＴ車内で見られ、乗り継ぎ情報提供などが徹底している（図23）。またＬＲＴと同じように、定時性を確保するために運賃の収受を車内で行わない信用乗車を採用している自治体が多く、運転席が客席から隔離されたタイプの車体もある（図24）。しかし高齢者が多い区域、また予算的にすべての電停に切符券売機を設置することが難しい場合、ＢＲＴ車内での切符販売を行っている自治体もある。運行側からみた交通手段の機能向上も大切だが、受益者側からみてとにかく「あのバスなら乗ってみたい」と思わせる「利便性の高い、格好いい乗り物」の提供が大切だ。どの都市でもＢＲＴの開通式は市民の注目を集めるイベントとして行政は仕掛け、ＢＲＴ導入とともに沿線の景観整備、パークアンドライドの整備なども同時進行させて、企画全体の魅力をアピールしている（図25）。

＊38　フランスの都市交通で利用されている公共交通優先信号システムはGERTRUDE社、SERELEC社などがある。

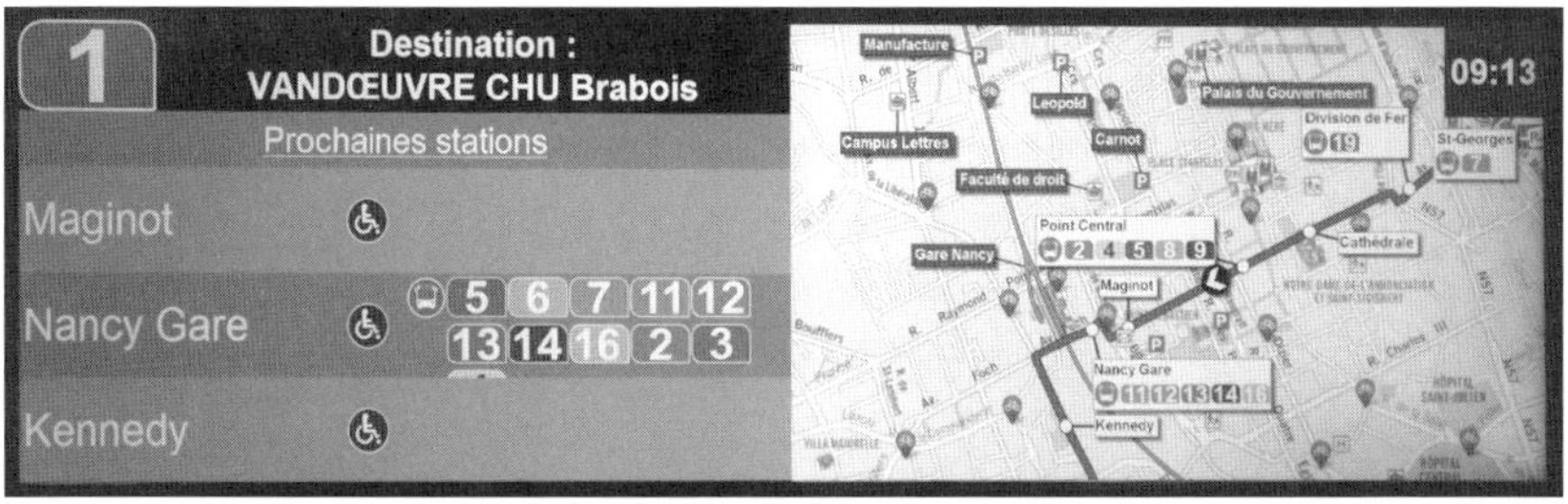

図23　カーナビのように、BRTの走行位置が提示されるITS　（ナンシー市）

図25　BRT及びヴァージョンアップした路線サービス開通イベントのお知らせ（提供：メッス都市圏共同体）

図24　運転席に隔離壁があるＢＲＴ（メッス市）

既存バス路線サービスの見直しやヴァージョンアップも盛んなフランス

どの都市も近代的なバス導入に伴い、既存バス路線の見直しを行い、自治体の規模と予算に従って、徐々に全体的に公共交通サービスを改善している。たとえばメッス都市圏共同体はＢＲＴ導入と同時に既存バス路線の再編成とサービス向上を図った。全区域を網羅する、出来るだけ「分かりやすい」交通ネットワークを構築し、「乗りやすいバス」の利用促進キャンペーンを行っている。またナント広域自治体連合ではＢＲＴ予備軍とも言える路線バスをクロノバスと名付け、運行時間帯を午前5時台から24時台まで延長し、運行頻度も日中は5分に1台にした。定時性確保のために、停留所付近の道路に分離帯を設けて一般車が停留所で止まっているバスを追い越せないようにして、バスの優先性を図っている（図26）。クロノバス導入以降、バス利用者が増加している（図27）。またバス路線再編成にあたり、旧来の路線サービスが廃止された区域にはマイクロバスやデマンドバスを配置して対応する。同様の工夫をルーアン広域自治体連合のＦＡＳＴバスも試みている。ＬＲＴ・ＢＲＴ・路線バスのサービス向上を個別に展開するのではなく、まち全体の交通ネットワークと市民の通勤・通学の流れを考慮して、既存路線を再編成しながら総合的な移動計画の確立を図っている。フランスでは安全規制や環境査察では国の関与もあるが、交通計画は広域自治体連合が立案するので、交通行政の一元性が確保されている。[*39] ここで挙げたナントやルーアンのように、ＬＲＴ・ＢＲＴ・ヴァージョンアップバス（高い輸送力確保のために、大半の車体が連節タイプ）・既存の路線バスと、各交通手段の等級化が、需要と輸送能力によって整然と成されている。

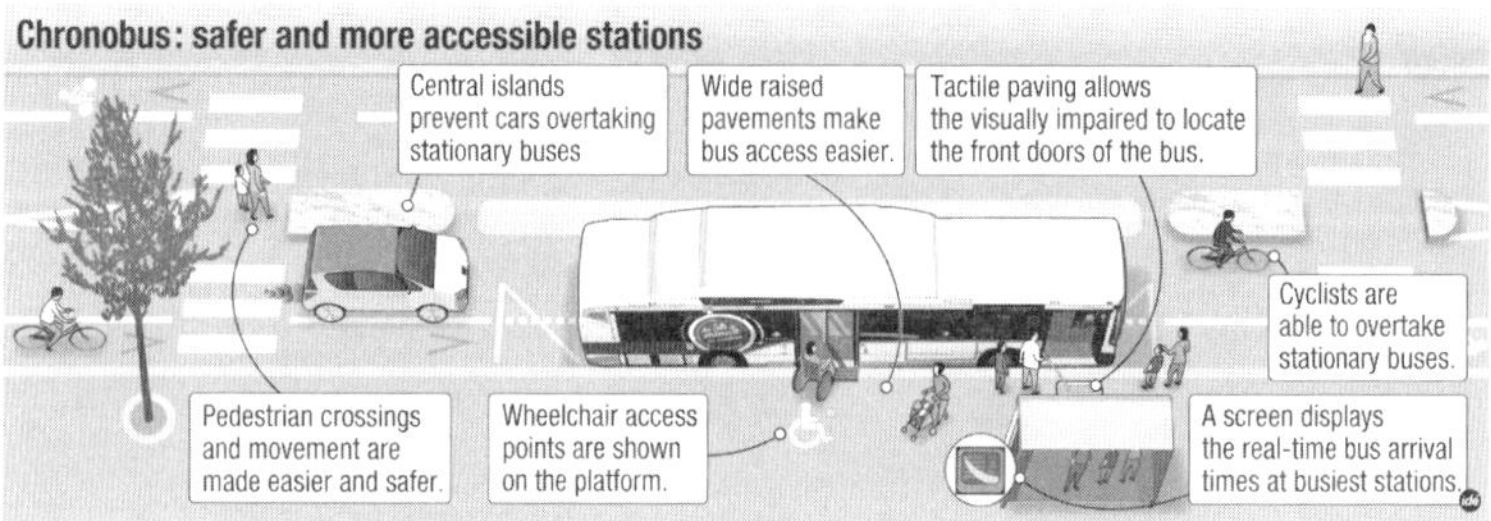

図26　クロノバス停留所。バスの後方の自動車は、停留所で追い越しができないように、コンクリートブロックを配置（提供：Patrick Garcon-Nantes Métropole）

＊39　運輸事業は第3セクターあるいは交通業者に委託。本書77頁参照。

LかBか？低いLRTの事故率

フランスの多くの中小都市で「LRTかBRTか？」の問いかけがなされた。一般にBRTはLRTの3分の1のコストで実現できる（表1）。しかしルーアン広域自治体連合の資料（表2）が示すように、BRTの初期コストは少ないが輸送能力にLRTと比較して歴然とした違いがあり、同じ人口を運送するためにBRTはLRTの2倍の距離を走行しなければならない。これは人件費などに影響する。ルーアンはBRT3路線にLRT1路線、ナントは逆にLRT3路線にBRT1路線だ。両広域自治体連合の交通局では「すでにBRTの輸送能力は限界に達しており、道路法に準じて運行しているために24・5mより長い車体は導入できず、BRTは時間帯によっては飽和状態だ」と聞いた。一般にフランスでは一日のトリップ数が4万以下と見積も

表1　公共交通手段の整備コスト比較表

交通手段	1 kmあたりの投資コスト（1ユーロ＝140円で換算）
BRT	5.6から6.3億円 / km
ガイドつきBRT ルーアン方式【光学】	＋ 5%
ガイドつきBRT ドウーエ方式【磁気】	＋ 15%
トロリーバス	＋ 55%
鉄軌道トラム	19.6から21億円 / km あるいは＋ 350%

数字に含まれる：車庫、車輛、軌道のインフラ整備
数字に含まれない：パークアンドライド、景観整備、マルチモーダルポイント（乗り継ぎ場）の整備費
2010年7月のフランス環境省レポート発表の数字を元に筆者が再構成。

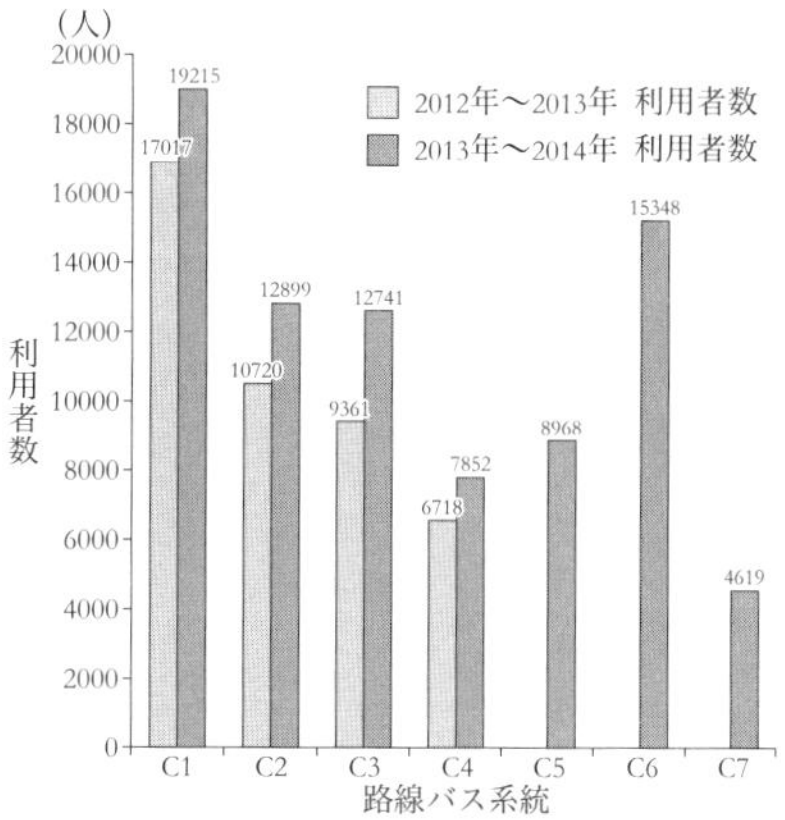

図27　伸びているクロノバス利用者数（ナントの例）
（ナント広域自治体連合資料を元に筆者翻訳）

表2　2014年輸送実績表（ルーアンの例）

	LRT	BRT	路線バス
運営コスト（ユーロ / km）	7.6	4.9	4.8
運行頻度：ラッシュアワー時	3分間隔	1.5分間隔	8.8分間隔
運行頻度：通常時	6分間隔	3分間隔	10分間隔
営業速度（km /h）	18.2	17.9	17.5
パーソントリップ（人 / 日）	6万7269	6万1720	4万79
パーソントリップ（人 / 年）	1756万7618	1577万1248	947万7742
走行距離（km / 年）	147万611	304万3595	337万235

バスはFAST路線（一般路線バスよりヴァージョンアップした運行サービスを提供）
ルーアン広域自治体連合提供資料を元に筆者作成。

られる沿線にはＢＲＴが導入されてきたが、利便性の高い公共交通が走ると市民のモーダルシフトが進み、素晴らしい供給が新たな需要を掘り起こす現象が、各地の地方都市で実証されている。従ってＢかＬかという議論は将来の都市計画と見合わせて、最大限どのくらいのパーソントリップが起こり得るか、というところまで計算に入れる必要がある。

　ＬＲＴの安全性についてもよく質問をいただくが、環境省の発表では２０１４年フランス全土でＬＲＴの事故負傷者が１２９１名、そのうち４３４名がＬＲＴと自家用車との接触事故で、車の中にいた被害者数だ。重度傷害の定義である24時間以上の入院を必要とした者が44名、死亡事故が６名[*40]（ちなみにフランスの自動車事故死者数は３４６４人で、走行中の自動車同士の事故が大半を占める）。また、１２９１名のうち、８４７名がＬＲＴ利用者の負傷者だが、そのうち８３４名が軽症で、この中にはトラム車両内での転倒６４５名が含まれており、78％が急ブレーキが原因だ。運転手が急ブレーキを踏んだ時は、「ダメージを受けた方はお知らせください」とアナウンスする必要がある。必ず５から６人、手が上がるそうだ。そういう人数も事故件数のカウントに入っている。１万㎞のＬＲＴ走行に対して事故率は０・３６７で、バス事故は０・66。一般に新路線の場合は０・４３５、運転手と市民の双方が慣れてＬＲＴとの共存が進むと事故数が減少してくる。たとえばストラスブールのように20年以上ＬＲＴが走行してい

表３　新路線への導入交通手段比較表

	鉄軌道 LRT	ゴムタイヤ LRT	BRT
輸送能力（4人/㎡・想定15㎞路線）	290人	170人	120人
車輛の長さ	45m（全編成長）	32m	18m
車体幅	2.4m	2.2m	2.55m
車輛コスト（税前）	4億9000万円	3億3600万円	7000万円
車輛寿命	30年	30年	15年
1㎞あたりの工事コスト（車庫・車輛コスト外）同じ景観整備を伴うとする	14～16.8億円 架線工事 線路用道路工事（路床コンクリート60㎝）	8.4～11.2億円 架線工事 線路用道路工事（路床コンクリート40㎝）	5.6～8.4億円 架線工事無し 大型道路工事不必要
沿線住民に影響を及ぼす工事期間	18か月	12か月	10か月

1日4万5000人の利用者を想定、1ユーロ＝140円で換算
出典：2011年当時のストラスブール都市圏共同体CUS発行の事前協議パンフレット4頁を元に筆者作成

る都市では事故率は０・28だ。道路上の軌道と歩道の間には何らの囲いもないのに案外歩行者との接触事故が少ないが、専用軌道敷設の工事中に歩行者は道路上における軌道に慣れてくるそうだ。

最後に、ＬＲＴ先進都市ストラスブールで、新設路線に導入する交通手段を住民に問うた事前協議プロセスで、自治体が配布したパンフレットに掲載された鉄輪ＬＲＴ、ゴムタイヤＬＲＴ、ＢＲＴの比較表（表３）を紹介する。抽象的なキャッチフレーズではなくて、明確に予算や工事期間等の数字を公開している点は驚くが、必ずしも交通の専門家でない住民が交通手段について考える良い材料になる。ここでも情報開示が行き届いており、役所仕事の透明化をみることができる。

4　トラムとトラムトレインの導入

交通と一体化した都市再生・ミュールーズの例

人口26万人のミュールーズ都市圏共同体[＊41]は、鉄道軌道を走るＬＲＴ車体がそのまま道路上の軌道に乗り都心を走るトラムトレインを導入した唯一の地域だ[＊42]（図28）。１週間に１万台の車を生産するプジョーＰＳＡの工場が近辺にあり、10万人の雇用人口をかかえる８００余りの企業が、自動車産業を中心としたクラスターを形成し欧州を代表するクルマ中心社会だ。しかし２００６年５月に当時のシラク大統領を迎えてＬＲＴの開通式が華々しく行われた。近接するフランスのストラスブール市とドイツのフライブルグ

＊40　出典：フランス環境省ＨＰ　http://www.developpement-durable.gouv.fr/　２０１５年発表資料。

＊41　Mulhouse Alsace Agglomération（Ｍ２Ａ）ミュールーズ市を中心とした都市圏共同体。以下ミュールーズと記載する。

＊42　ナントにも「トラムトレイン」が走っているが、中央駅まで直行で、都心のトラム電停で下車するためには、本書91頁で紹介する交通結節拠点アルシェール駅で、トラム車両に乗り換える必要がある。ただし料金体系が一元化されており、同じ切符、定期券で郊外からのＴＥＲ（州政府が運行する地域鉄道）と都心を走るトラムの利用が出来る。

図28　ミュールーズ都市圏共同体

市はどちらもＬＲＴを中心に発展した環境先進都市なので、車産業で支えられているミュールーズだが、ＬＲＴ導入の合意形成には問題はなかった。それに交通局のスタッフが語るように「プジョー車購入者は世界が対象で、市民が公共交通を利用するようになったからと言って、車の売り上げが変わるものでもない」。

景観向上に貢献するアートなミュールーズのＬＲＴ

アーティストのダニエル・ビューレン[*43]がデザインしたアーチが14の電停を彩る（図29）。２００３年に三つの車体の顔デザイン（トラムの正面）と二つのカラーから選ぶ人気投票を行った（図30）。このアーチ型電停は図で一部だけを見ると突拍子もない感じを受けるが、実際のまち全体の景観の中で捉えると大変美しい。ＬＲＴ導入と都心景観整備はセットで進められ、都市再生全国機関[*44]と２００９年に協定を締結し、２億6千万ユーロ（３２５億円）の資金を調達し、都市再生の大型施設工事などにも着手した。まちの中心に聳え立っていたボルワークタワーの前に電停を整備し、

図29　ダニエル・ビューレンがデザインしたアーチが電停を彩るミュールーズのトラム

図30　２００３年に行われた人気投票では、ＬＲＴのフェイス3種、車体カラー2色とデザイン3種が住民に披露され、1万6千人が投票した。「共に選びましょう、あなたのトラムトレインです」とのキャッチフレーズ（提供：ミュールーズ都市圏共同体）

＊43　Daniel BUREN：ルーブル宮殿のパレロワイヤルにある白黒色のストライプ模様の円柱インスタレーションが有名。２０１５年には高松宮殿下記念世界文化賞受賞。

＊44　ＡＮＲＵ：Agence nationale pour la rénovation urbaine　都市再生全国機関。

徒歩、公共交通、車などすべての交通手段でアクセスできるように工夫をこらした。カラフルな外観を整えて雰囲気を一新させ、ショッピング、ビジネスセンター、公共サービス拠点としてタワー一帯はまちのシンボルとなり、2万3千㎡のスペースの再活性化に成功した。ミュールーズの都市空間整備の基本哲学の一つは、「子供たちが安心して歩いて学校に行けるまちづくり」であり、歩行者空間の整備を進め、「まち歩き」が楽しくなるように歩道上に作画するなど様々な工夫がなされている。「都市を田舎に広げる」のではなくて、「田舎を都市に誘導する」モットーの元に、住宅の郊外へのスプロール化を抑制して、都心における住居の高密度化や緑化を図り、ＬＲＴを副都心整備のアーバンプロジェクトをつなぐツールとして活かしている。

トラムからトラムトレインへの道

ミュールーズでは日本の明治時代にすでに汽車が走っていた。１９９５年には、その汽車が走った鉄路を使って、北西の渓谷部の人口と都心部を結ぶトラムトレイン構想が浮上した。動機として「バスだけでは渋滞に対応できない」「自動車に代わるモビリティの提供」「卓越したテクノロジーの利用」「鉄道インフラが整っていて地勢条件がトラムトレインにマッチしている」「まちの活性化」などが挙げられていた。しかし都心の道路上軌道を走行するトラムと、郊外の鉄道線路上を走行するトレインでは規制が異なるので、１９９８年にトラムとトラムトレインの計画を切り離した。22㎞のトラムトレイン導入に成功したのは２０１０年12月（図31）で、２００６年のトラム運行開始の方が先

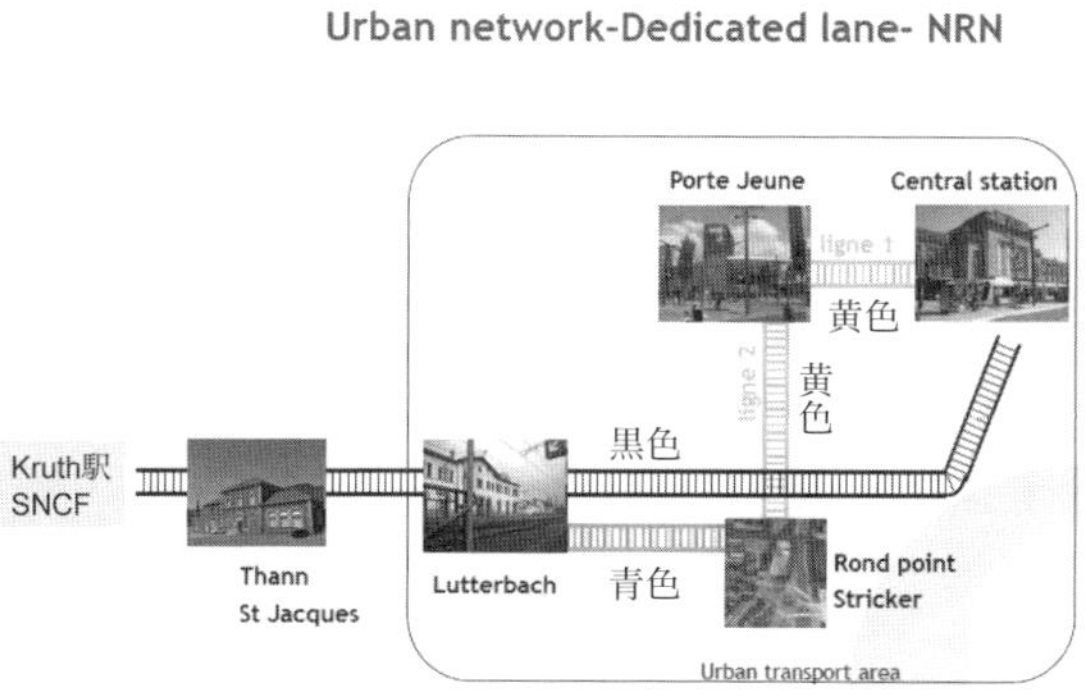

図31　黒色路線がＳＮＣＦ（フランス国有鉄道）の線路利用区域。黄色と青色路線が道路上の軌道（提供：ミュールーズ都市圏共同体）

になった。トラムトレインに乗っていると、ある地点で道路上軌道がバラスト線路に変わる。トラムトレインの軌道の敷設にはいろいろな議論があったが、線路や電圧など見てはいない一般利用客にとっては、「乗り換えせずに、同じ車輌が都心の中央駅から郊外の駅まで、30分に一度運行されるトラムトレイン」は大変便利だ。

トラムトレインの資金分担と共通チケットの課題

トラムトレイン企画には介入するアクターが多かったが（図32）、計画遂行者の混在性は資金面でも見られる。トラムトレインへの投資分担は、アルザス州政府47%、ミュルーズ都市圏共同体21%、環境省、ライン河上流県議会、鉄道線路管理会社と続く。アルザス州議会の議長が、州・県・コミューン、そして国有鉄道会社や鉄道線路管理会社などとの交渉をまとめた。当時のゼレール[*45]議長はアルザス地方にリコー・ソニーなど、最盛期には20以上の日本企業の工場を誘致し、一時は日本人子弟が通う成城学園アルザス校も存在した。またミュールーズ市長は幼年時代をトラムトレインの最終駅タン[*46]で過ごしたので、タン自治体首長とも関係が良好であったなどのヒューマンファクターも潤滑な調整につながった。22kmのトラムトレインは、郊外地域は既存の鉄道施設や信号機器を利用、都心部はすでに整備されていた道路上の軌道を走るので、全体としてインフラ整備には1億5千万ユーロ（約187億円）かけた。新設車庫整備に1千万ユーロ、新しいトラムトレインの車輌コストはトラム車輌の2倍以上で、12車輌購入に5500万ユーロ。ちなみに2006年に一足先に開通した16・2kmのトラムのインフラコスト

図32　ミュールーズ都市圏共同体域内を走行している交通手段：左から、2MA（ミュールーズ都市圏共同体—都市交通の政策・管轄機関）が運行するバス、都心を走るトラム、トラムトレイン、州政府が運行するTER（地域急行列車）、国有会社SNCFが運行する長距離鉄道TGV（写真提供・Jean Jacques D'angelo・SNCF）

は2億7千万ユーロ（約335億円）で、景観整備にも予算をかけていた。また運行に際しては共通チケットの課題が残る。[*47] 行政的に管轄が異なるテリトリーをまたがって、技術的にも異なる路線にトラムトレインを走らせたミュールーズには本当に多くの障壁があった。複数の運送事業体間で交通を共有する際には、技術的協働（車体、線路、軌道）、料金設定の協調、運行情報共有が必要になる。企画を最後まで遂行できたのは、政治指導者のヴィジョン、多岐にわたる資金源の確保、住民に対する幅広い広報活動のおかげだ。

トラムトレインの利用調査[*48]

2010年の開通から2013年までの利用状況を見ると、タン駅から都心の中央駅までの利用率は29%アップした。踏切などがあり、信号や安全の点から時速100km以上では走行させられないようだ。ミュールーズ市住民は一日に平均3回の移動を行い、一回の移動平均距離が3・51kmで、移動手段の平均時速が11・8km。短距離を移動しているので、車の時速15・81kmと公共交通の時速9・49kmに大きな相違がない。フランスの各地方都市でトラムが出揃った2000年代から、クルマによる移動の割合が減少し、すでに2010年には全国平均で15%が通勤に公共交通を利用している。だが、ミュールーズ都市圏共同体ではまだ移動の61・3%がクルマで、公共交通利用率は10・4%でしかない。[*49] 都市公共交通が導入されても、多くのフランスの地方小都市の例に漏れずミュールーズはクルマ社会でもある。公共交通利用促進のためには、「車から乗り換えてくだ

*45 Adrien ZELLER

*46 Thann

*47 一番遠い渓谷奥の最終駅クルットまでは6・2ユーロで1時間30分間有効で、クルット駅ではフランス国有鉄道の切符しか購入できない。だからトラムトレインの中にはフランス国有鉄道の切符とトラムの切符の双方を刻印するチケットキャンセラーが設けられている。これらは車体改造の追加コストになる。

*48 2009年の世帯調査では、当時住民1人あたりにつき車所有率は郊外が0・58で都心は0・40。都市圏共同体全体では0・45。都心では3世帯に1世帯はクルマを持たない。高齢者人口が増える郊外では6世帯に1世帯が車を持たないので、トラムトレインを利用すれば、まちなかへの外出が可能になる。近くのスイスのバーゼル市では都心人口の半分しか車を所有しない。

*49 出典：67頁で紹介する数字はすべてミュルーズ都市圏共同体資料及び環境省ＨＰ。

さい」というメッセージだけではモーダルシフトは進まない。また生活の中ではクルマが必要とされるシーンが多いので、普段は公共交通利用でも、必要な折に簡単にクルマがレンタルできるシステムを導入しなければならない。「より簡単なモビリティ」とは、そういう全体的な政策を指す。「モーダルシフトのお手伝い」と言ってもよい。具体的にはミュールーズでは自治体が、ライドシェアやカーシェアリングなどのシステムを進めてゆく。

クルマ社会の都市におけるトラムトレインのメリット

都心でゆっくり走り、開放性のあるトラムはストラスブールのように市街地人口がすでに多い地方都市では十分だが、郊外人口を地域の中心部に運んでくるには、これからはトラムトレインが主流になるだろう。いったん都心を出ると高速列車に変身する交通手段が、外域に人口をかかえる小都市にはマッチしている。ドイツでは「カールスルーエタイプ」と言われるトラムトレインが普及している。カールスルーエ市の場合は鉄道中央駅が経済圏の中心に位置して住居圏が円状に広がっているので、「都心では頻繁に停まり、郊外では急行運行」のトラムトレインを整備しやすかった。市街地から1時間で山間の温泉地に着く。とにかく終点から中心駅まで急行が必要だ。「渓谷から都心にある中央駅まで直行の特急と、都心を止まりながら通過して中央駅に行くトラムトレイン準急の双方を設けるべきだった」とミュールーズのエンジニアも語っていた。当事者にすれば「もっと上手く作れた」という思いはいろいろ出てくるかもしれないが、どこの都市にも当てはめることのできる正解はない。しかし人口11万人、トラムトレインの沿線人口を含めても26万人にしかならない小規模な自治体連合で、フランス初のトラムトレインを実現させたのは快挙といえる。本書でミュールーズを特に取り上げたのは、小規模都市なので比較的全体像の把握が簡単なこと、既存の鉄道と路面電車の乗り入れで公共交通利用全体の利便性を向上させ、トラムトレインを導入し、思い切った都市再生を行ったからだ。同市のこれからの選択は、トラム電停を拠点として、優先信号システムを搭載した利便性の高い連節バスを[*50]「トラムバス」と命名して展開してゆくことだそうだ。

5 都市とクルマ

フランス人とクルマ

今まで述べた交通手段は、逆説的だが車と共存してのみその利便性が増す。クルマと上手く折り合えないまちづくりは市民の賛同を得ることは出来ない。都心での駐車台数を抑えて出来るだけ公共交通で街中へアクセスするように誘導しているＬＲＴやＢＲＴ導入都市でも、ひとたび都心を出るとクルマなしでは全く生活できない農村地帯が続く。フランスでは１千人当たりの乗用車保有台数が５４０台で、日本の４７７台とほぼ同じだ。[*51] 82％の世帯が少なくとも１台の車を持ち、一日に移動に費す時間は56分。大都会のパリでは保有率は45％に減るが、移動時間は反対に82分と増える。[*52] すでに１９６０年代

＊50　「専用レーンは設けないのでＢＲＴとは言えない」と交通局の説明。
＊51　本章16頁を参照。
＊52　出典：道路距離はフランス環境省ＨＰ。移動時間はフランス環境省発表の世帯調査（２０１０年）。免許取得率はＫＰＧＭのＨＰ及びルモンド誌２０１５年９月18日記事より。

から高速道路を初めとして道路整備が日本より約20年早く進み、２０１１年には国土面積約64万㎢に対して高速道路整備は約1万1千㎞に達した。２０１２年、国内における長距離移動９８５０億㎞の83％が車で行われている。だからフランスは車に対する依存度が低かったから公共交通を導入したまちづくりに成功したわけではない。またルノー・プジョーに代表されるように自動車産業の被雇用者も多い国だが、それでも併行して地方都市の都心では都市政策の一環として公共交通導入が進められた。「環境」がキーワードになった２０００年代の教育を受けた若者が20〜30代になり、あきらかに都会では自動車に対する行動様式も変わってきた。18歳から29歳までの青少年の73％が免許を持っているが、ＬＲＴが走る規模の地方都市では70％、パリでは60％まで下がる。生まれた時から街に存在する公共交通は、都会の若者の「マイカー感覚」も変えてきて、必要に応じて利用者がデジタル情報を駆使し多種多様の移動手段を選択できるモビリティ革命の時代に入った。

カーシェアリング

レンタル自転車経営と同じく、カーシェアリングもパリを始め自治体の交通局が自ら手がけている都市が多い（図33）。１９９９年にフランスで初めてビジネス化されたストラスブールのカーシェアリング会社「Auto'trement」*53は、今ではシティーズ「CITIZ」*54と改名し全国で事業を展開している。２０１４年６月からシティーズはストラスブールで、「予約なし。乗り捨て式」のカーシェアリングサービスＹＥＡ車（図34）供給に

図33　パリのカーシェアリング・街路上の充電中の電気自動車

*53　ストラスブール市役所の元職員が設立。そのいきさつは『ストラスブールのまちづくり』１２４から１３１頁。

*54　http://yea.citiz.coop/ CITIZは「協同組合」の形をとった民間企業。利用者がシティーズのメンバーになるためには、身分証明書、免許証、銀行口座情報、現住所証明書が必要で、ギャランティー６００ユーロをデポジットする。パリの自転車の乗り捨

乗り出した。サイトにアクセスして利用料金を自分で計算できる。ガソリン、保険、メンテは込みで、従来のようにカーシェアリング用に指定された場所に駐車する必要はなく、どこにでも止められる。これは自動車では初めてのシステムだ。今はストラスブールでもまだ30台しかないが、多分これから急速に発展するだろう。なぜなら社会全体で「モノを所有せずに、共有する習慣」が一般化してきているから。その傾向を体現するのが「ブラブラカー」だ。

カープーリング（ライドシェア）

会員制のクラブに登録して車を借りるカーシェアリングと異なり、一般市民が運転する車でライドシェアを行うのがカープーリング（乗り合い自動車）だ。運転手と利用者のマッチングサービスを提供して、大成長しているのが民間企業ブラブラカー「BlaBlaCar」（図35）。一般人の間で「クルマの相乗り」システムをビジネス化したのはフランスの最高学府、サルトルの出身校でもある高等師範学校出身のフレデリック・マゼラ氏[*55]。２００３年クリスマスにパリから実家に帰る列車が満員だったので、ネットで「クルマで同乗させてくれる友人」を探していた時に、ライドシェアのマッチングサイトのアイデアを得て、２００４年にはプラットフォームを自分でコード化してビジネスを立ち上げた。２０１３年にネット上での予約に手数料を導入し有料化したことで、それまでの「相乗り」ドタキャン率35％が３％にまで下がり、システムは利用者の信頼を得て大きな発展を見せる。料金はライドシェア利用者から企業に一旦振り込まれ、目的

て式レンタルシステム・ヴェリヴと同じで、利用できるクルマはスマホで位置を確認する。乗り捨て可能区域は都心エリア内に限られている。１時間につき２・５ユーロ、１km走行につき０・35ユーロが料金。ただし一日借りても25ユーロを超えることはない。１００km以上の走行には１kmあたり０・17ユーロが加算される。

＊55　Frederic Mazzella

図34　乗り捨て式ワンウェイレンタル自動車ＹＥＡ（ストラスブール市）（出典：CITIZ のＨＰ）

地に利用者が到着した時点で利用者がパスコードを運転者に通知、運転者が企業にコードを伝えた後に企業から運転者に相乗り料金が振り込まれるシステム。料金には消費税も含まれている。企業ブラブラカーのサービスはすでに19か国で利用されており、２０１５年春にはドイツの同業Car Pooling社を２千万ユーロで買収し発展を続けている。運転者は高速道路利用料とガソリン代の実費は同乗者と折半するので節約は出来るが、収益は得ないシステムなので、「自家用車の有償運送」でもないし、「白タク」とも異なる。Ｗｅｂサイトには運転者と既に同乗したライドシェア者達のコメントが並んでいる。これらすべての情報は、利用者達が運転手を「信用」して「安全に」旅程を共有できることをアピールするためだ。ブラブラカーシステムの最後の課題といわれた各種保険システムも整備された。若い世代の「脱クルマ所有」の交通行動に対して、クルマそのものにまず慣れ親しんでもらう、という意図でベンツではカーシェリング用「Car 2 Go」のクルマを提供している。*56 所有から利用への車市場の変化に伴い、カーシェアリングを含めた輸送サービスにビジネスを拡張して収益源を多角化する姿勢で、自動車産業界も新しい対応を迫られている。

協力型経済、あるいは参加型経済

若者のクルマ離れの理由は、不安定雇用の増加に伴い免許取得費用が払えない、あるいはクルマ購入のローンが組めない30歳以下の若者が増えてきた背景がある。一方所得が高い若者は中心市街地に居住する傾向があるが、市内での駐車がどの欧州都市でも困

図35 ブラブラカーの予約頁

＊56 https://www.car2go.com/en/berlin/ https://www.youtube.com/user/car2go

難になってきている。また、この層は「移動に関してはお金はむしろ海外旅行に使う」。購買能力がある層でも「所有」に必ずしもこだわらず、「必要な時に借りればいい」という概念が、クルマに限らず全体的に少しづつ広がってきている。「シェアするのは『環境』のため」と語る利用者もいるが、社会学者はこの新しいタイプの消費を「協力型経済」[*57]と名付けている。その背景にある哲学は「連帯」「共有」そして「交流」。こういった「価値観」を世の中が求めているからだという。たとえば自転車ツーリング。欧州には何千キロも走るライダーがいるが、「ホットシャワー」[*58]というサイトでは、宿泊を無料提供する各国のライダーの情報を提供している。自転車談義に一夜を過ごして次のコースに旅立つが、趣味を共有する者同志だから話もはずむだろうし、欧州の場合だと国境を超えた交流にもつながる。正に連帯と共有、交流だ。

また日本の宅急便のサービスを個人が請け負う「参加型経済」[*59]もある。Ｗｅｂで旅程を書き込むと、同じ旅程の配達が必要な送り主とその受け取り者がドライバーとつながる仕組みで、ブラブラカーと同じくマッチング情報を提供するネットサービスがある。[*60]宅急便がないフランスでこんなシステムが発達するとは思いもよらなかった。このシステムは全員がサービスを受給し、行動を起こさなくてはならないので、「参加型」と名付けられた。バカンスでもAirbnbを通してネット上でお互いの家を交換したり、さらにビジネス化させて別荘や自分の車の短期間貸出をしたりすることが普及してきた。欧州では今、こうして市民が得た副収入にどのように社会保険等の負担金や所得税を課税できるか、という社会的課題を検討する段階に入っている。[*61]結局便利で独立したサイドビ

＊57　Economie collaboratrice
＊58　https://fr. warmshowers. org/
＊59　Economie participative
＊60　http://www. colis-voiturage. fr/colis-covoiturage. html
＊61　フランスでネットで行われるサイドビジネスは30億ユーロ規模の市場といわれ、個人が年間５千ユーロ以上の収入を得た場合には申告義務が課された。またベルリンでは市民の公平な不動産マーケットを攪乱してしまった結果、Airbnb自体が２０１６年春に禁止された。

ジネスを可能にしたネットは、ある意味で地下経済を発達させた。それがフランスでのウーバーを巡る２０１５年夏から２０１６年にかけての騒動につながったといえる。

クルマ経済の多様化―ウーバー（Uber）とＶＴＣ

ウーバーはフランスに２０１１年に上陸した。スマートフォンで手軽に運転手付きクルマを呼べる配車サービスで、利用者はウーバーサイトにクレジットカード番号を登録し、スマホに専用アプリをダウンロードする。車が必要な時にアプリを開き地図を見て、利用者の一番近くにいるウーバーのドライバーと応答する。料金はアプリで自動的に決済する。ところが激しいタクシー業者の反対に遭った。「ウーバーは事実上タクシー事業を展開しながら、営業許可を取得しておらずフェアな競争ではない」という主張だ。パリのタクシーは認可制度でロンドンやニューヨークに比べて、人口あたりの台数が４分の１しかないので、恒常的にタクシーが不足している。そこでＶＴＣ[*62]「運転手付き観光用自動車」システムが生まれた。ホテルなどで空港行きのタクシーを予約すると、あらかじめ料金を設定したクルマが来る。概してタクシーよりも高級車でドライバーの態度も丁寧でクルマも必ず清潔なのでかなり普及し、２０１４年にはＶＴＣビジネスそのものが合法化された。[*63] 利用者目線で言えば「料金が前もって分かっていて、『流し』ができないタクシー」である。今１万人の契約ドライバーが、いくつか並存するＶＴＣサービス供給会社と契約している。ウーバー社はＶＴＣサービスを提供している企業の一つだが、フランスでは圧倒的な存在感があり、アメリカ、イギリスについでウーバー利用

＊62　ＶＴＣ：Voiture de Tourisme avec chauffeurs　運転手付き観光用自動車

＊63　２０１４年10月１日の la loi Thévenoud 法。「運転手には最低３か月の訓練」「メーター制ではなく運賃の走行前の設定」などが細かく法律で決められた。

＊64　Uber Pop：21歳以上、無犯罪証明書、免許証さえあればインターネットウーバーポップサイトで何分かの登録のみで、クルマを所有する誰もが運転手になれる。運転手たちは社員としての契約や個人事業主としての手続きを踏まず、社会保険負担金や所得税を支払わない非合法なビジネスで、合法的なＶＴＣ（ウーバーもその一つである）やタクシーより料金もずっと安いので利用客は増えた。

者が多いといわれている。合法的なウーバーサービスと併行して、２０１４年からウーバーポップ[*64]という非合法なビジネスも始まったが、タクシー業界の猛烈な抗議行動もあり、２０１５年７月に営業停止になった。

クルマ利用を巡る攻防

「公共交通を導入する際に、タクシー業界のロビーは反対しなかったか？」という質問をよく受けるが、元来フランスではタクシー利用人口が日本よりも限られていて、ＬＲＴやＢＲＴが運行されてもタクシー利用者は公共交通を利用するとは限らない。だからこそタクシー利用者が対象となるウーバーなどの新しい配車サービス運

表４　配車ビジネスの多様化

業種名	タクシー	VTC（運転手付き観光自動車）		非合法送迎サービス	ライドシェア（乗り合い自動車）
会社名（固有名詞）			Uber（VTCの一つ）	Uber Pop	BlaBlaCar
外見	タクシーランプ有り	ランプ無し		ランプ無し	
乗り方	予約 予約なしでも乗れる	予約のみ 流しは不可	Uberのアプリを利用した予約のみ 流しは不可	予約のみ 流しは不可	ネット上での予約のみ
走行道路	タクシー専用レーン使用可	一般自動車と同じレーン使用	一般自動車と同じレーン使用	一般自動車と同じレーン使用	一般自動車と同じレーン使用
料金決定法	走行距離によって料金決定 メーター制	予約時に料金決定	予約時に料金決定	予約時に料金決定	ドライバーとライドシェア者との間での、ガソリン代と高速道路料金の実費分担が目的
会社形態	認可制	会社組織・ 社会保険の企業負担あり 運転手は最低250時間の訓練を受け、個人営業者として登録。クルマにはグリーンの認可マークがある	2009年にカリフォルニアで設立された会社。 フランスには2011年に進出し、パリ、ニース、リヨン、リールの4都市で4千人のドライバーがいる	2014年2月からフランスの9都市で実施。 クルマを所有する誰もが、Uberのアプリをダウンロードして送迎サービスを行う	クルマを所有する誰もがBlaBlaCarのプラットフォーム上で、自家用車での相乗りをする同乗者を募るシステムを開発した。ライドシェア者から手数料を取るビジネス
		フランスにはVTCサービスを提供するいくつかの企業が存在	企業として成長中	2015年7月3日、USのUberにより禁止される	企業として成長中

出典：ラジオEurope1のWeb発表資料（2015年7月3日、http://www. europe1. fr/economie/vtc-uber-uberpop-quelle-est-la-difference-1364150）を元に筆者が整理

営の形には、タクシー業界は文字通り体を張って反対している。タクシーを利用しない人口層を対象にカーシェアリング等のライドシェア協力型経済が生まれてきた。このクルマ利用の多様性を見ていると、フランス社会における車・タクシー・公共交通の位置づけがよく分かる（表４）。ライドシェアは近距離を走るＬＲＴやバスなどの都市交通とは競合関係にはないが、長距離バスや鉄道、格安飛行機の客を奪うと見なされており、フランスは広い意味で交通利用客争奪戦の時代に入った。

6　都市交通計画を支えるしくみ

地域公共交通の計画主体は自治体

各都市の交通政策への意志と投資を見て、人材と財源の確保や実際の運営の実態について考えられる方が多いだろう。年間公共交通走行距離が１０６０万km、バスとトラム利用のトリップ数が３４７０万のアンジェ都市圏共同体を例に取る。31の加盟コミューンの代表が構成する都市圏共同体の評議会で議長を選出して議決を執行する。議長職は中心都市アンジェの市長で、評議会の議員数は93名。権限は住宅政策を中心とする都市計画、都市交通、経済振興など多岐にわたり、評議会で税率を決定して徴収する地方直接税と、構成コミューンが人口に応じて負担する分担金などが財源となる。このアンジェ都市圏共同体の２０１５年度予算が３億３３００万ユーロ（約４１６億円）で、人口一人あたり約１２２１ユーロ（約15万３千円）になり、その19％が交通政策に充てられ

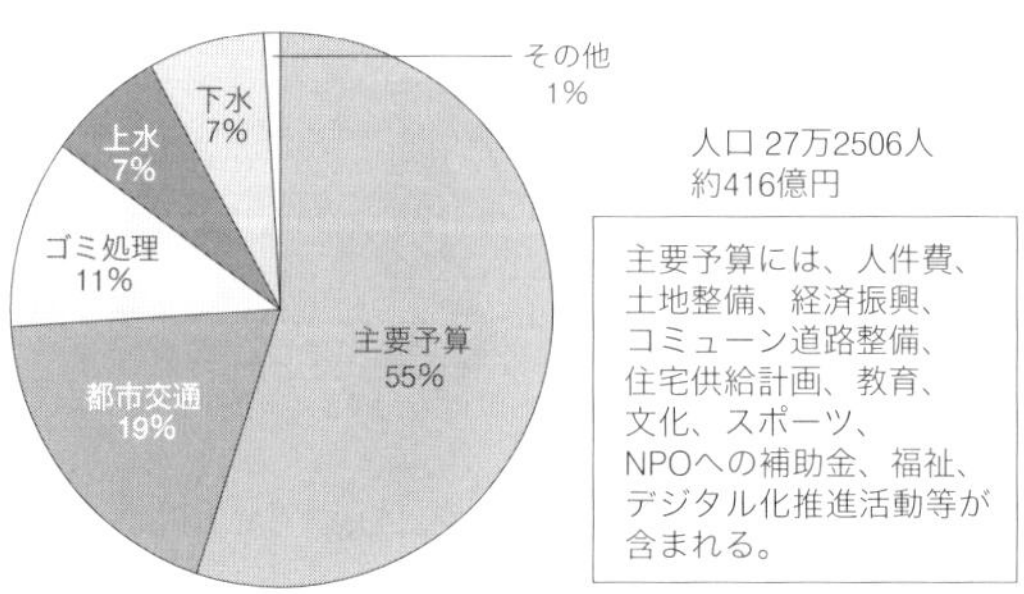

図 36　アンジェ都市圏共同体予算　2015 年度全体予算 3 億 3300 万ユーロ（約 416 億円）の 3 割が投資予算、7 割が経常予算で人件費はそのうちの約 9%（提供：ALM）

＊65　ＡＯＴＵ：Autorité Organisatrice de Transport Urbain「都市交通事業管轄機関」と訳す。

る（図36）。地方自治体予算に占める交通計画の重要な位置が見える。人口27万人のテリトリーには25の駅を持つ12・3kmのＬＲＴ路線が一本と、１５８０のバス停があり、そのうち７１４駅には屋根つきの停留所が整備されている。ラッシュアワー時で住民の移動における公共交通利用割合は18・8％だが、一日を見ると利用率は平均９・３％だ。交通計画の行政責任を負う交通局（運輸部）はアンジェ都市圏共同体政府の一組織で、ＡＯＴＵ（都市交通事業管轄機関）、管轄する範囲をＰＴ（運輸サービス供給圏エリア）[*65]と呼ぶ。

都市交通運営は上下分離方式

交通研究所の発表では、ＬＲＴの投資コストは１kmあたり１３００万から２２００万ユーロで、金額に大きな差があるのは専用軌道敷設とともに行う景観整備の質に左右されるからだ。専用軌道導入を伴う都市交通インフラ整備工事への国からの補助は現在上限が全体コストの25％で、自治体の長期借款や交通税が事業の主な財源となる。交通税は従業員が11名以上の企業の総人件費に課税される目的税だ。パリを除いては最高課税率は２％で自治体の独立財源となり、公共交通の整備・運営にのみ適用が可能である。[*66] ＬＲＴ運営コストは１kmあたり５から７ユーロ。バスも含めたフランスの都市交通運営は公設型上下分離（インフラと運行サービスの管理主体の分離）が９割近くを占める（図37）。日本では軌道運送高度化事業により上下分離が可能になったが、フランスでは広域自治体連合の首長と議員が政策主体となり、路線・料金等を決定して公共交通整備

＊65　ＰＴ：Périmètre de Transport「運輸サービス供給圏エリア」と訳す。
＊66　日本では「交通税」という訳が定着しているが、原語では「交通負担

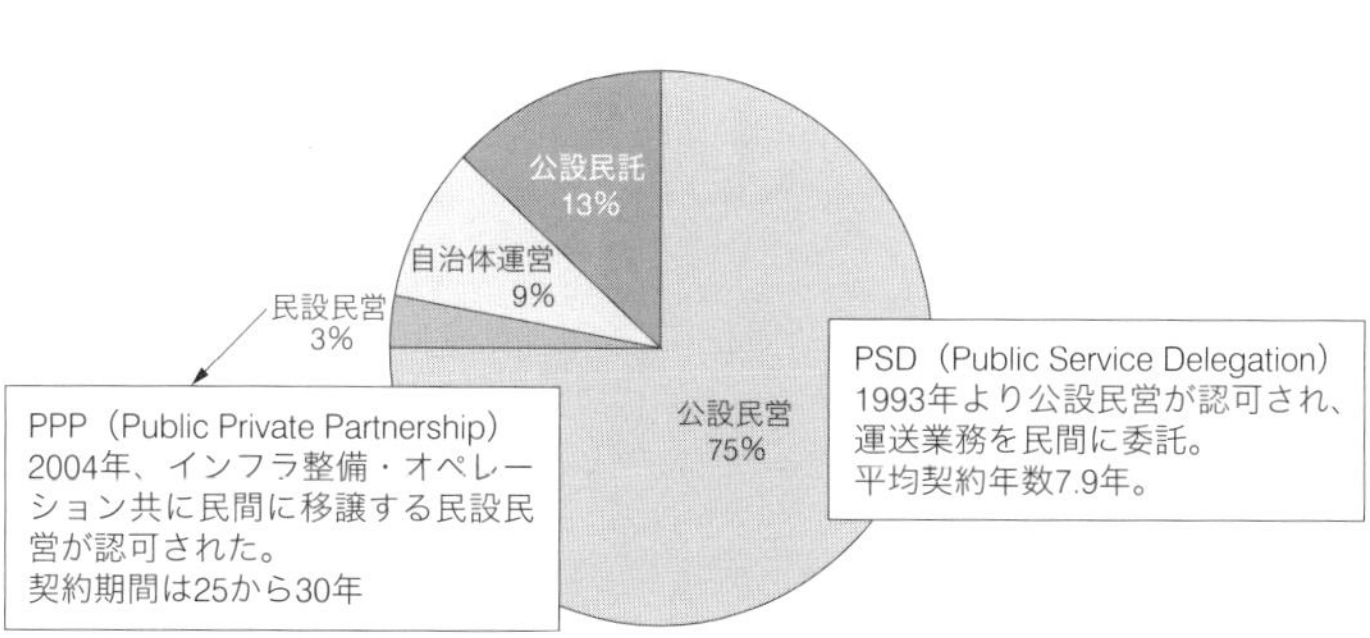

図37　フランス地方都市交通運営における上下分離（GART "Groupement des Autorités Responsables de Transports 都市交通管轄機関全国連合" の2012年発表資料を元に筆者作成）

に投資する。軌道運送業務は民間の事業体に委託するか、広域自治体連合自らが第３セクターを設立する。どの都市でも社会運賃*67を適用しているために生じる運行コストの赤字を、広域自治体連合が補填している。自治体が運行事業体に定額補填金を供与して運送業務を委託する「公設民営」方式が、フランスの都市交通運営全体の75％を占める。*68補助額が固定なのでオペレーターは売り上げ向上を目ざし経費を削減すれば、企業努力のインセンティヴとして切符収益の増加分の享受が可能になる。もし運行収入を自治体が直接管理し、定額運行委託金のみがオペレーターに支払われる「公設民託」方式の場合、営業リスクは自治体の方にシフトする。フランスは自治体が水事業等を民間に委託する「公共サービスの民間への委託事業化*69」が歴史的に盛んであり、現在都市交通事業を世界26都市*70で展開しているヴェオリア社も水道事業社であることは興味深い。２０１１年、都市交通事業の総走行距離の40％をヴェオリア・トランスデヴ社*71が、29％をフランス国有鉄道会社*72の子会社ケオリス*73が契約先となり、業界の再編成が進んでいる。自治体連合との受託契約期間は平均８年間で契約満期には新たな入札があるが、運転手などの大半はたとえ運行業者が代わっても新会社が地元でそのまま受け継ぐことになっている。そのほかの運営形態として自治体の９％が自らの交通局で都市交通を運営している。一方３％の自治体がＰＰＰ*74事業で民設・民営を選択したが、民設とはいえ、たとえばランス市は交通税を投与して初期投資に参加している。

金」。１９７３年にフランス全国に導入された。通勤手当の支給がないフランスで、「自治体がインフラ投資を行った都市交通を従業員も利用するので、その雇用者がコストを一部負担する」考えに基づいている。２０１５年より従業員が11名以上の企業の総人件費に課税。また交通税をめぐるミュールーズ都市圏共同体政府とプジョー社との交渉については、『ストラスブールのまちづくり』73頁でも仕組みを述べた。

*67 自治体からの補填金を入れて廉価に抑えた運賃。フランス語では「連帯運賃」。本書83頁を参照。

*68 出典：ＧＡＲＴ２０１２年資料。路線や車輌が自治体の固定資産、あるいは運行業者の所有である場合などバリエーションもある。

*69 Délégation du service public ＤＳＰと呼ばれる。

*70 そのうち12都市はフランス。

*71 Véolia Transdev 同社のように世界中の都市交通運営を請け負う運輸事業体を「ＭＯＬＴＳ：Multinational Operators for Local Transport Services」と呼ぶ。世界規模で３００億ユーロ（３兆７５００万円）規模のマーケットがあるといわれている（出典：Trasport & Distribution）

交通税を主として公金で支える地域公共交通

アンジェ都市圏共同体のＡＯＴＵ運輸部（図38）には15人のスタッフがおり、自転車対応が４人、駐車対策１人、バス担当が３人、信号などのエンジニアが２人、グラフィックデザイナーで構成される。アンジェでは個々の信号がプログラム化されているが、信号オペーレーションは道路局の担当である。公共交通の「営業速度」改善のために、バスやトラムの優先信号は必須で「運営コストを下げる」という意識が徹底している。メッスのＢＲＴで、ボタンを押さなければ障害者用スロープが出ないのも同じ論理だ。「一分一分が都市交通のパフォーマンスに響いてくる」という表現を多くの都市で聞いた。自治体が、軌道運送を請け負う民間企業に公金を援助をすると「補助金体質」が出来上がってしまうといわれるが、「税金経営なので管理が甘い」とか「補助金を与えるから民間側のインセンティブが低くなる」という認識は、少なくとも行政側の交通局にはない。

２０１５年度運輸部予算は約85億円（借金返済も含む）で、都市圏共同体には交通税から５千万ユーロ（62億円）の収入がある。一方実際の運行業務を行うケオリス・アンジェ社の２０１５年度歳出は５７１２万ユーロ（約71億４千万円）で、運賃収入１７８０万ユーロはランニングコストの25％である。都市圏共同体の運輸部は、ケオリス社に４千万ユーロ（50億円）を運行事業委託契約金として支払っており、[*75] 公金で地域公共交通を支えていることが分かる。アンジェ都市圏共同体と、ＬＲＴやバス運行業務の委託先ケオリス社との間の契約には、予測額よりある一定以上切符収入が上回る分は、都市圏共同体とケオリス社の間で折半する等細かい規定が記載されている。これは運行事業

*72　ＳＮＣＦ（Société Nationale des Chemins de Fer Français）

*73　Kéolis

*74　ＰＰＰ：フランス語では Partenariat Public/Privé

*75　出典：カバレ部長からの直接のヒアリング及びケオリス・アンジェロワールメトロポール社の２０１４年度アニュアルレポート。同社の従業員数は２０１４年で６３０名。そのうちの４４２名が運転手で女性運転手が65名。（Virginie CABALLÉ）

図38　アンジェ都市圏共同体「運輸と移動」部のカバレ部長

体側が切符歳入を少なめに算出して、できるだけ多くの補填金を都市圏共同体から引き出そうする試みを阻止する目的がある。また、本書63頁で紹介したミュールーズでは、2014年度プジョー社が人件費全体額の1・8％にあたる440万ユーロを交通税としてミュールーズ都市圏共同体に支払い、自治体はプジョー社に120万ユーロを返還している。なぜなら、従業員の約25％がプジョー社が用意する送迎車を利用しているからである。ただし企業手配送迎車の運賃無料設定が交通税返還の条件だ。実際には市役所からプジョー社への返済額には2・75％のバーゲンを行うかわりに、自治体はプジョー社への立ち入り検査を行わない。調査すれば人件費が自治体にかかりすぎるのが理由で、このあたりの臨機応変さはいかにもフランスらしい。2011年プジョー社が従業員用に運行しているバス費用は380万ユーロ（4億7千万円）であった。

交通税を通して公金で地域公共交通を支える仕組みは全地方都市で共通しており、切符収入は経常予算の平均3割を切っているのに、公共交通利用者は年々増えている。自治体の交通局（AOTP）の全国組織「都市交通管轄機関全国連合」（GART）では、運賃あるいは交通税の増税か、又はCO_2税の一環としての自動車税の導入など、いずれ何らかの方策の導入が必要と検討している。しかし税額を増加しても「環境や市民のためにも、地域の公共交通は支えてゆく」という原則は官民で一致している。

公共計画の採算性とＴＲＩ

フランスの公共交通の費用対効果はＴＲＩ指標[*76]で示される。市民のために安い運賃を

＊76　ＴＲＩ：Taux de Rentabilité Interne 内部効果率。

適用しているので、最初から独立採算性を目的とせず、都市交通の赤字運転を前提としているのに、なぜ費用対効果試算が必要なのか矛盾しないわけでもない。公金を投与する以上、いわゆるキャッシュの収益計算ではなく、自治体が投資した金額に対する広い意味で社会への貢献度や効果なども考慮する。公共交通を導入した場合はインフラ整備コストと減価償却を鑑みて、交通事故の減少率や渋滞緩和による時間の獲得、環境への貢献率などを対比させる。ＴＲＩが４以下の公共交通は「投資に対する効果がない」とみなされる。だが余りにも多くの要素をＴＲＩ計算式に含めたので、都市交通を担当する人たちにとってさえも具体的に訴える数字にはなっていないようだ。一方１９８２年の国内交通基本法[*77]で、５年ごとにすべての大型公共工事の社会評価報告書の作成が義務付けられている。このＬＯＴＩ報告書には複雑な計算式はないが、どの自治体も工夫をこらした大変分かりやすいレポートを作成しており、その簡素版は一般閲覧も可能だ。自治体の計画立案義務、国からの補助金交付、計画の実行、事後評価、次の計画改善につなぐプロセスが活かされている。大幅な赤字を覚悟でまちの顔となる公共交通を運行している地方都市は、単なる費用対効果計算よりは「まちが元気になる」数値化できないインパクトを共通して評価しているようにみえる。環境、福祉、観光、経済発展に貢献し、住宅や商業地帯を結ぶ公共交通を廉価で供給するフランスモデルは、官民あげての「車利用を減らすモーダルシフト推進」の原則に支えられている。

＊77　ＬＯＴＩ、本書34頁参照。

7 誰のための交通か？

弱者を切り捨てないまちづくり・社会運賃の仕組み

プリペイドカードが全国共通になり便利なことこの上ない日本で、ＬＲＴやＢＲＴが進まない理由の一つとして「採算が取れない、公共交通事業への公金投入が難しい」とよく聞く。都市交通に廉価な社会運賃を適用しているフランスでは、利用者が先に入金した金額が乗車ごとに減っていく、「利用者が事業体に対して先払いする」切符は存在しない。どの都市も初乗りが1・5ユーロ前後で1時間乗り放題の切符を提供し、平均価格26ユーロ（３２５０円）の1か月定期券（バス、トラム共通）で、都市圏全体の交通機関を利用できる。運賃をより高めに設定すれば事業の採算性は向上するが、不足分は6項で見てきたように自治体からの補填と交通税で賄っている。通勤・通学に毎日利用する都市公共交通は、水や電気と同じく、市民に供給する公益性の高い基本的な社会サービスと位置づけ、都市交通への税金の投与に対する反対意見は聞かない。こういった考えの根底を流れるのは、１９８０年から法律で保障されている「交通権」だ。２０１4年にＬＲＴを導入した人口4万5千人のオバーニュ市は、２００9年からバスやＬＲＴ運賃を無料化した。日本以上にクルマ社会であったフランスで、公共交通に対する考え方がここまで進んできた。フランス全体で交通税は60億ユーロを自治体にもたらし、その40％がパリ首都圏を含むイルドフランス州の歳入である。パリやリヨンでは長距離に乗るほど運賃が高くなるゾーン制だが、２０１５年9月からパリでの運賃が1から5までの全ゾーンを対象として月70ユーロに均一化された。[*78] メトロ・バス・トラム・高速地下鉄道ＲＥＲ、空港行きバスなどすべての交通機関を一枚のカードで利用できる。「東京都内の移動が一か月間９４５０円で乗り放題」とイメージすると同政策の斬新さが分かる。この定期券ナヴィゴ[*79]が利用できるパリを中心とするイルドフランス州の人口は１２８０万人なので、東京の人口１３３５万人のエリアと同じくらいと考えていいだろう。

イルドフランス州の公共交通政策を決定する交通事務組合ＳＴＩＦ[*80]は２００８年まで国の管轄下にあったが、現在では地方分権化され、理事会には、州議会の議員、州を構成する八つの県や、１２８１の行政最小単位であるコミューンのそれぞれ代表が席を持つ。ここ2、3年、パリのＬＲＴやバス車体にＳＴＩＦのロゴが目立つようになり、古くなっていたバス停留所も屋根付き、デジタル運行情報提供パネル装備への改善が行われている。ＳＴＩＦが交通政策を決定して、その委託を受けてパリ地下鉄公団[*81]がオペレーターとしてメトロを運行するという形だ。ＳＴＩＦの運営資金の39・2％は交通税で、29・3％[*82]は運賃収入で賄われている。また理事会を構成する各公共団体が、19・3％相当を拠出する。70ユーロ一律運賃設定に際して、運賃収入減少分4億ユーロを補うのは自治体からの拠出金の増加と各企業の協力、つまり交通税率の上昇を意味する。パリ周辺には高額所得者層が多く、給与水準も他の地域に比べて高いので、人件費に対して課せられる交通税はかなり確実な収入になる。ＳＴＩＦは交通税をすでに上限以上である

*78　パリでのゾーン1と2はすでに２０１４年1月から70ユーロであった。遠くのゾーン5までの定期券代１１６・5ユーロを支払っていた利用者は、最大46・5ユーロ「割り引き」の恩恵に浴する。

*79　ＮＡＶＩＧＯ。２０１６年9月から統一運賃は73ユーロになると発表された。

*80　イルドフランス州公共交通事務組合　ＳＴＩＦ：Syndicat des transports d'Île-de-France

*81　パリ地下鉄公団　ＲＡＴＰ：Régie autonome des transports parisiens

*82　出典：２０１４年のＳＴＩＦ発表による。

2・85%からさらに0・1%上げる許可を国から得ている。*83 この思い切った運賃の引き下げは、自家用車通勤の公共交通通勤へのモーダルシフト推進が目的だが、「公共交通に対する哲学」もみることができる。フランスの都市交通は収益性向上ではなくて、「市民へのモビリティ提供」が目的の公共事業と言ってもよい。これは「交通のガバナンス」の問題だ。「誰が交通政策を決めるのか?」「市民から選出された議員で構成される議会や理事会が交通政策主体となり決定する」。公金運営のフランスの都市交通と民間企業経営の日本の都市交通は比較できない。日本では受益者負担が基本とはいえ、通勤手当を享受している人たちには実感は薄いだろうが、「生活に不可欠な交通運賃がこんなに高いのはおかしい」と少し考えてもいいかもしれない。

社会弱者も利用できる公共交通

ストラスブールでも、2008年からより徹底した「社会運賃」が導入された。従来の「学生やシニア料金」という利用者の「身分」による運賃設定ではなくて、交通利用者の実際の収入状態をベースにした、サービス受益者の都合に合わせた料金体制で、画期的な発想だ。フランスでよく利用される「扶養家族係数*84」を用いて家族が多くなるほど運賃が安くなるシステムだ。フランスでは、「子供が増えるごとに所得税や社会負担金が下がる」N分N乗方式が適用されている。この算出法は、少子化対策*85として、「保育所充実化などのハード支援」「子供手当て支給の現金援助」「女性の職場復帰を可能にした労働法の整備」などの支援策などとともに、大きな効果があった政策の一つに挙げら

*83　同じテリトリー内でも交通税率は区域によって微妙に異なり、調整している。

*84　QF：Quotient Familial（扶養家族係数）とは家族が多くなるほど増える係数。定期券金額計算の基準となる収入帯の算出方法は「1．手取り年収の12分の1を算出」「2．社会保障や給付金の受給額を足す」「3．2の総計額を扶養家族係数で割る」

*85　フランスも1980年代には出生率が1・86まで低下したが、2014年は2・01まで回復。昨年誕生した57万人の58%が婚外子。実際には同居カップルの新生児が大半だが、非婚でも子育てが出来る環境が整っている。

れる。

フランスは社会保障の従業員負担率が給与に対して21％(日本は14％)、雇用者負担が42から60％（日本は15％）という人件費の非常に高い国だ。[*86] 資産が１３０万ユーロ（約1億6千万円）以上の国民には富裕税も課税され、国民の10％の高額納税者が、所得税歳入の70％を納めている。日本の消費税に当たる付加価値税はすでに20％だ。高額の税を徴収して、医療設備、社会保障制度を整え、公共交通や保育所など多くの市民がその利点を享受できる社会インフラを整備してきたことも事実だ。教育も大学終了まで基本的に無料である。全部で17か条しかないフランス人権宣言が、租税について2か条をあてており、「課税に対して基本的なサービスを国が国民に保証する」という近代市民社会の契約がフランス社会のベースになっている。交通だけではない。住宅政策も家賃を抑えた「社会住宅」提供が中心だ。[*87] 勿論この「社会政策」には不都合もある。国の面倒見が余りに良いので、労働を行わず社会が提供するあらゆる保護に依存して生活する人口も増えてゆく。「社会の格差解消のために投資を行う義務感がある」[*88] 政府に対して、サービスの受給側は「社会の整合性を求める権利」[*89] を当然のこととして要求する。都市行政においては「格差を解消する」社会政策の試みの手段として、交通も住宅政策もとらえられてきた。ストラスブールの交通政策に携る人は言い切った。「交通権は、見捨てられた処にも同じ権利を与えることを保証するための概念です。不平等さがない移動を目指します」と。ちなみにフランス語では「社会運賃」ではなく「連帯運賃」と表現し、また「連帯」の優れた都市とは「公営住宅」の供給が進んでいる都市を指す。「富める者」

＊86　出典：ＡＦＩフランス投資庁発表の数字。
＊87　詳細は5章を参照。
＊88　Conscience de l'investissement de la collectivité
＊89　Droit de la cohésion sociale

と「社会弱者」との連帯である。

　さて、そんなに安い乗車券だが、それでも不正乗車は絶えない。運行の定時性、速達性確保のために信用乗車方式[*90]を採用していて改札がないので、ＬＲＴやＢＲＴの車両では検札官（図39）に出会わなければ、罰則金を支払わずに、切符や定期券なしで乗車できる。不正乗車率は10％を超える都市が多く、公共交通利用で年間トリップ数が1億を超えたストラスブールでは、13・5％が無賃ＬＲＴ乗車をしている。また利用状況のリアルタイム管理のためにチケットキャンセラー（図40）へのタッチを推奨しているが、11・4％が切符をチケットキャンセラーにかけずに乗車している。バスでは無札乗車率が3％台にまで下がる。一方、年間の公共交通トリップ数が３４７０万のアンジェ都市交通圏の２０１４年の不正乗車率はＬＲＴ2・21％、バス1・81％と低い（検札率1・72％で、全体としての不正率2・01％）。広報活動を活発に行っている成果だが、特に青少年を対象に中学校やスポーツクラブ等で市民教育の一環として、「正しい公共交通利用を啓蒙するアトリエ」にケオリス社の職員が出向いている。無賃乗車には51・5ユーロ、切符や定期券をカードリーダーにタッチしなかった場合は34・5ユーロの罰則金が課される。罰金の支払い率が56・8％、19万７２０２ユーロ（２４００万円）の収入になっている。さて、なかなか社会コストの「連帯」は完璧には進まないが、フランス人が素晴らしい「連帯」を見せるのはまちで見かける交通弱者に対する優しい心遣いだ。

＊90　利用状況の把握と、駅で車輌を待つ人数をカウントするために、運行事業体は利用者にIC定期券をカードリーダーにタッチすることを奨励。タッチを忘れると罰金の対象になる。

図39　ストラスブールのＬＲＴ検札官。最近は乗車のお手伝をする「サポーター」という呼び方も各都市で浸透してきた

バリアフリーの現状

２０１０年にはこれまでの種々の法律の集大成として交通法典が完成し、社会弱者や移動制約者に対するモビリティへのアクセス権の定義が明記された。車椅子やベビーカーが簡単に公共交通に乗り降りできるので（図41）、まちなかで車椅子を見ることが決して珍しくない（図42）。ＬＲＴやバスの電停も車椅子が回転できるスペースを確保した設計だ（図43、44）。バリアフリー法[*91]は２００５年に制定された。対象者は「車椅子利用者だけでなく、健常者も怪我をすれば、また子連れの人も、荷物が多い人も、誰でも「ハンディキャップを負う生活の一時期がある」とフランス政府は定義している。よって障害者対策という表現は使わず「モビリティに制限がある人」への対策という。足腰の弱くなったシニアも含めてフランスでは１２００万人、全人口の約５分の１がこのカテゴリーに該当するとしている。当初は２０１５年までに公共構造物と公共交通全体におけるバリアフリー化が目標だった。現在低床車両のＬＲＴには車椅子が簡単に乗車できるし、路線バスにもバリアフリースロープが整備され、車内には車椅子スペースが２台分設けられ、４台分あるＢＲＴも珍しくない。便利で安く利用できるフランス地方都市のバリアフリー交通だが、一方ではパリの地下鉄にはほとんどエレベーターやエスカレーターがない。地方の鉄道駅でもエレベーターが極端に少ない。新規建造物や大学、役所などの建物のバリアフリー化はほぼ終わっているが、古い建造物が多いまちなみの商店舗など一般建造物ではまだ20％くらいしか対応ができていない。たとえばアンジェ都市圏共同体ではアンケートに対して、フロア面積３００㎡以上の商業店舗の61％がバ

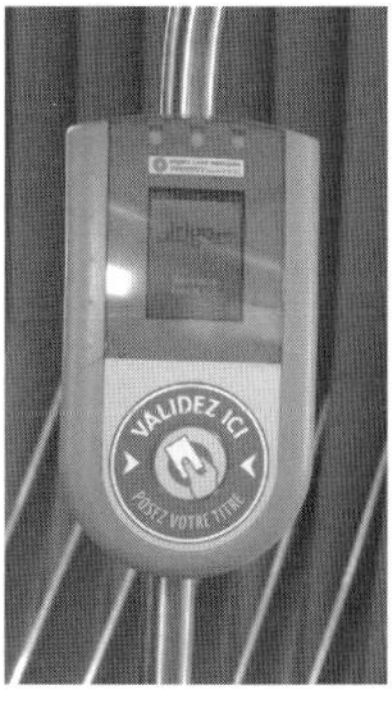

図40 チケットキャンセラー（たとえばアンジェでは車体の中、ストラスブールでは電停に設置）

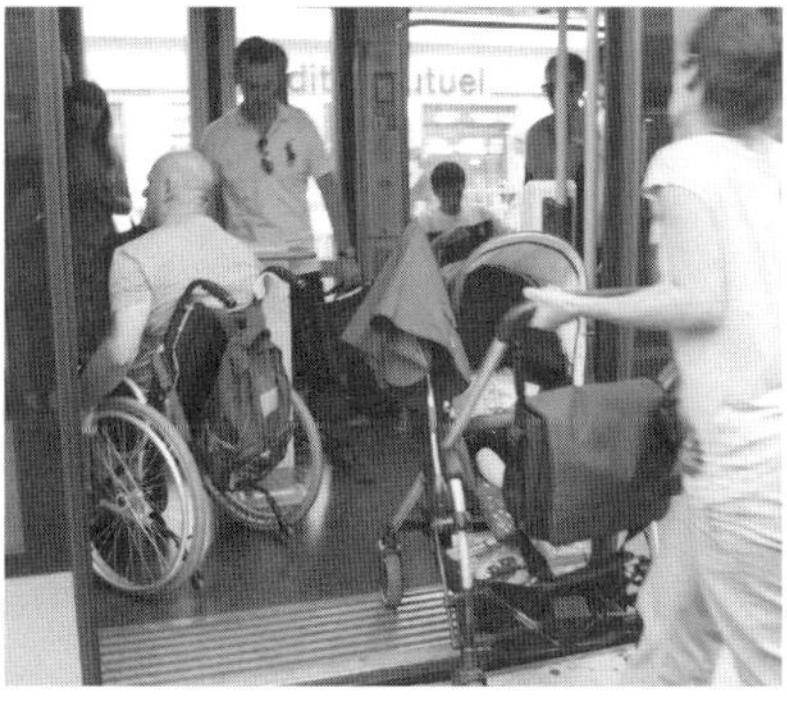

図41 椅子もベビーカーも入るＬＲＴ車（ニース市）

＊91 バリアフリー法 Loi sur l'accessibilité

リアフリー対応可能としているが、今でも商業店舗全体の7％が「バリアフリー対応義務の情報さえも知らない」と回答している。２６２ある公共建造物のうち、バリアフリー対応は59のみで、これから８年かけ８５０万ユーロの予算を投下して改善してゆく。このように、現実には２０１５年にはすべてのバリアフリー化は間に合わなかったので、それぞれの都市の対策委員会で最優先項目を決定して工事に優先順位をつけている。２０１４年に発表された法律の施行令では、とくに古い住宅や店舗へのより現実的な対応策や、期限についても3年から9年までの実現への執行猶予が設けられた。[*92]今ではまちなかの小さな商店でも、ドアを大きくするなど対応している。古い建物の構造上どうしても対策がとれない場合には、商店がコミューンに「例外」を申請することも認められた。

バリアフリーは一部の人だけに必要な措置ではない。筆者が足を怪我した折に、車椅子で大阪市内を移動してみた。すべての交通機関のプラットホームで、乗務員から「お手伝いが必要ならお声をかけてください」と必ず対応していただいた。エレベーターも完備している。それにもかかわらず日本の都市で車椅子利用者の外出を余りみかけないのは、点の部分だけバリアフリーだが、車いすで動ける線として連続した移動空間がないからだ。現在の日本の都市構造ではたとえ都市交通機関の職員の教育が徹底していても、一旦まちに出ると障害だらけで、残念ながら介添えなしで一人で車椅子で移動することは難しい。まち全体を対象としたユニバーサルデザインが必要だ。怪我の程度や障害度が低い場合は、公共交通での外出は困難でもマイカーなら可能なことも良く分かり、

図42　普通の路線バスのバリアフリースロープと、介添え無しで乗車する車椅子利用者（ストラスブール市）

図43　車椅子スペースを確保したバス停のデザイン（提供：メッス都市圏共同体）

統計で高齢者ほど都市交通に無関心な事実の原因も納得した。今後は高齢者やモビリティを制限されている市民が動きやすいまちのトータルデザインを実施して公共交通を提供しないと、ブレーキとアクセルを間違えるようになっても車に乗り続けるお年寄りは減らないだろう。

ユニバーサルデザイン・総合的な交通政策に欠かせないピクトグラムと交通結節拠点

すべての人が動きやすいまちをつくりあげるためには、総合的な政策として交通手段実現と都市計画をリンクさせて進めてゆく必要がある。この章で紹介した歩行者専用空間、自転車専用道路、トラム、バスが整合性をもってバリアフリー対策とともに整備されなければ、東京のように交通サービスは各種ふんだんに揃っているが、慣れないよそ者や日本語が読めない人には分かりにくいシステムになってしまう。基本的に北、西ヨーロッパの地方都市では現地の言葉が分からなくても、一日券を購入してまちを動き回ることが比較的簡単に出来る。中央駅の構内や、駅前の分かりやすい場所に自治体運営の観光案内所[*93]が必ずあり、交通路線図を含めた市街地図と交通チケットやまちの案内書を入手できる。５ユーロくらいの共通チケットで、すべての公共交通を乗り継いで街全体の観光が出来るのは日本人には新鮮だ。なぜならば都市交通が一元化されているので、同じ道路に複数の路線が走ることはなく、またピクトグラムと呼ばれる絵文字標識も統一されている（図45）。１９６６年の東京オリンピックで開発されたが、誰が見てもそして遠くからでも分かりやすい絵標識は、案外日本では見つけるのは難しい。

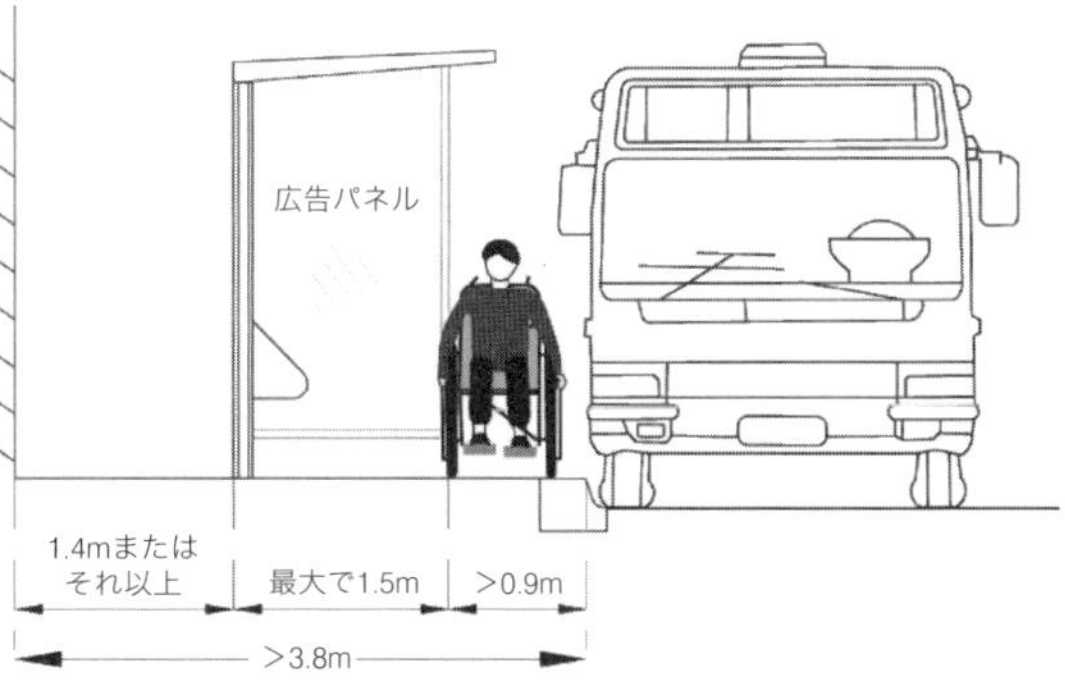

図44　バリアフリー対応バス停デザインの一例（提供：ＥＭＳ）

＊92　法律の施行令としてバリアフリー対策プログラム２０１４ＡＤＡＰ：Agenda d'Accessibilité Programmée : Le décret d'application de l'ordonnance

＊93　欧州各国共通で、観光案内所は「i」のサインで設置されていることが多い。

もう一つ肝要なのは交通結節拠点の創り方。パークアンドライドなどの駐車場も含めて、異なる交通手段の乗り換えが簡単でないと、人々のクルマから公共交通へのモーダルシフトは進まない。ナントの交通結節拠点・アルシェール駅[*94]は、パークアンドライド、自転車専用道路と駐輪場、路線バス発着駅、郊外から来るトラムトレイン、市内に向かうトラムとすべての乗り換えを平面で簡単に行うことができる素晴らしい構造だ。５５００万ユーロ（６億８７００万円）をかけて２０１２年に完成した（図46、47）。この交通結節地点の実現にはナント市を中心とする広域自治体連合だけではなく、欧州議会・フランス政府・州政府・県などの予算も含まれており、都心だけでなく経済圏で一体化した「交通の流れ」を管理しようという意志が読み取れる。「移動する」という人間の基本的な欲求を満たすために、社会弱者はもとより、移動制約者、他国からの訪問者など（国の総人口を上回る８３７０万人の観光客が２０１４年度にフランスを訪れた）、さまざまなユーザーに財政的配慮、物理的な解決法を見つけ、デザインやまちのあり方そのもののコンセプトまでフランスは追求している。

本章では「歩いて楽しいまちづくり」のための交通政策に焦点をあてて、各地の地方都市の様子を紹介してきた。拙著『ストラスブールのまちづくり』「推薦の言葉」で青山先生が「ストラスブールはまちづくりの聖地だ」とお書きになられたが、今でも同市はフランス地方都市を牽引するトップランナーの環境先進都市だ。スト

＊94 Haluchère

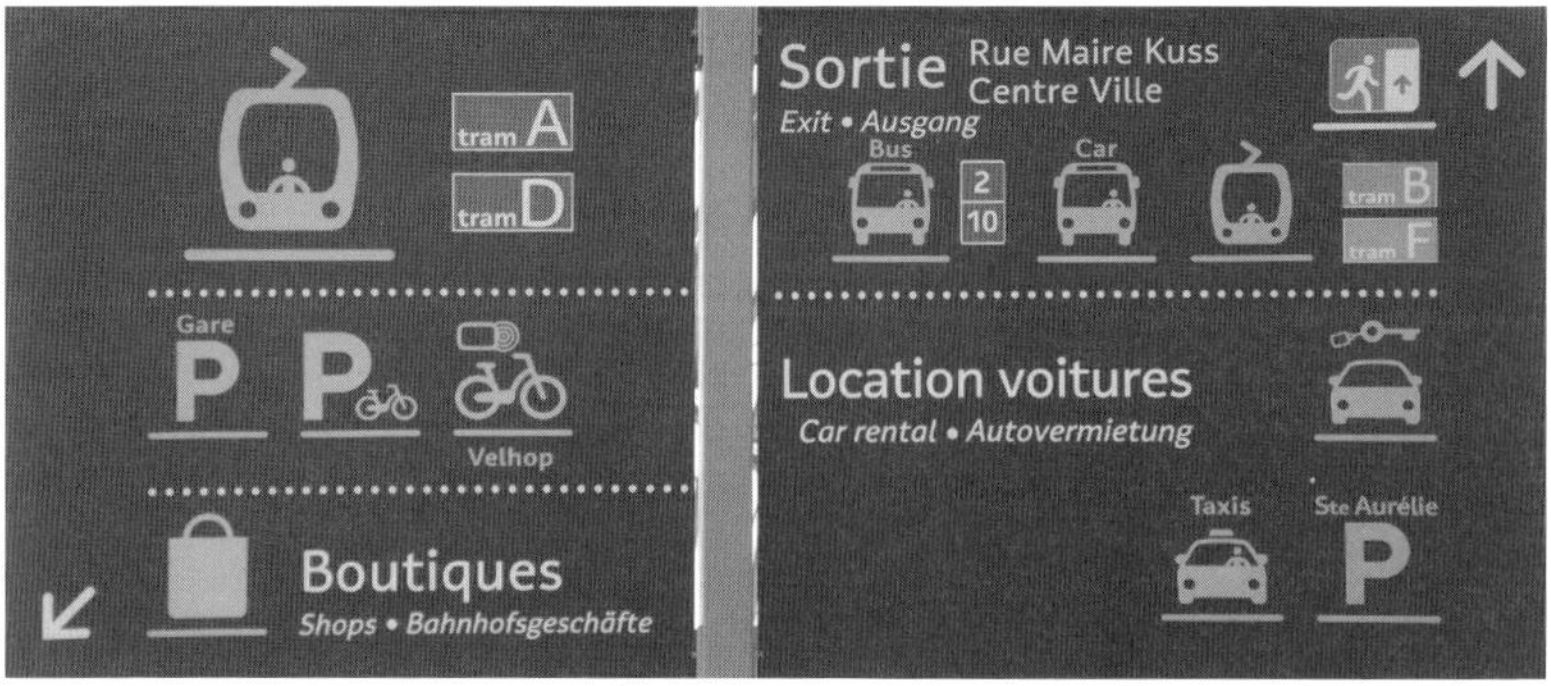

図 45　フランスの SNCF（日本の JR にあたる）駅で全国統一の掲示板。トラムやバスに運転手が表示されているのが斬新だ

ラスブール市長として今から20年前にトラム導入の総指揮を執り、現在ではストラスブール広域自治体連合評議会の副議長として、地域の経済発展を担当するトロットマン女史[*95]（図48）に「トラムが市民の生活にもたらしたもの」を尋ねた。

元ストラスブール市長へのインタビュー

将来の経済発展に、現存する交通インフラストラクチャーが応えられるか？

——なぜフランスでは、日本のように若者が必ずしも大都市に吸収されないのでしょうか。

「フランス人は大都会の匿名性の中で埋もれてしまうことを恐れています。パリの中心に住むのは素晴らしいけれど、家賃を考えると郊外の住居にならざるを得ない。それならば地方都市でより良い生活の質を享受したほうが良いと考えます。企業もパリに本社を構えると各種税金負担が高くなるので、地方に進出し、そこで雇用も生まれます。ストラスブールでは広域自治体連合エリア全体の商業店舗面積の39％が市街地の商店で占められています。ＬＲＴを中心とした公共交通が整備されていて、人々が移動しやすくなった結果、まちなかの商業も発達し

図46　ナント市の交通結節拠点アルシェール駅

図48　トロットマン氏（提供：本人）

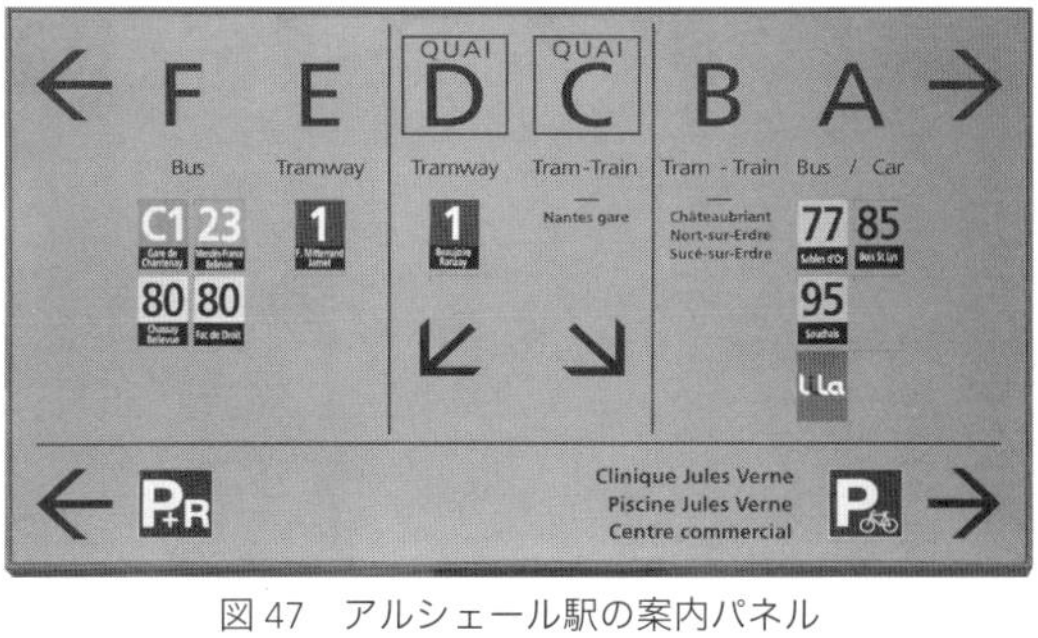

図47　アルシェール駅の案内パネル

＊95　Catherine TRAUTMANN

ました。地方都市でも十分にお店も充実しています。[*96]」

ストラスブール市中心における歩行者専用空間づくりは早い時期から始まりました。公共交通や自転車でのアクセスの利便化、P＋Rの充実化によるクルマ利用者への便宜等の要素が重なり合って、当初自動車通行規制で客足が鈍ると心配した商店街の危惧は払拭され、見事に中心街の活性化に成功しました。もう今から20年前の話です。最近は週末は市内に入るのにP＋Rがあってもクルマの混雑が見られるので、新しくストラスブール市西側に環状高速道路を建設して交通量の緩和を図ります。このようにクルマへの対応策との整合性が大切です。

――つまり市街地の活性化には、交通ネットワークの再構築が最も緊密に関わっている。だから都市計画に交通計画も統合させてこそ意味があるわけですね。

その通りです。バスや電車も含めて、すべての交通アクセスの一環した整合性が必要です。乗り換えだけでなく、料金の一元性も肝要です。整合性は都市計画と交通だけではありません。２０１５年度末には「２０３０年をターゲットとした経済発展の行程表」の見直しが議会で行われましたが、副議長としての私のミッションは、将来の経済発展に現存する交通インフラストラクチャーが応えられるものであるかどうかを検討することでした。

――交通インフラのない所には産業は興せない、ですね。

はい、そして経済発展計画策定の際には必ず雇用創出と住居対策の連携も大切なので住宅課との協議も必要です。行程表には大学との協働による研究開発や職業訓練の

*96　この段落のみ、インタビューに同席したモビリティ部長ジャンセン氏(Bruno JANSEM)の発言。

プログラムも含まれます。州政府、県、商工会議所、大学など複数のパートナーとの合議の上で経済発展行程表をまとめましたが、策定主体はあくまでも広域自治体連合です。行程表は我々の経済戦略の優先順位をつけたものですが、記載された個々のプロジェクトは、それぞれの計画主体者が遂行します。

——どのようにして地方の中小都市で産業振興が可能なのでしょうか。

具体例を挙げます。青少年の雇用の受け皿になりやすいデジタルハイテク産業の振興のために、広域自治体連合はほかのパートナーと協力してデジタルスタートアップ企業用に、ライン河畔の空き地を利用した建物SHADOK（図49）を提供して、Co-Workingなどにも利用してもらっています。ここにはアーティストのアトリエや、スタートアップ企業にノウハウを伝達してサポートするＮＰＯなども入居して、異業種間の交流から生まれるダイナミズムを期待しています。たとえばライン運河沿いの河川交通企業が近代化を図る行程で、大学にコンタクトを取り若い世代のコンセプターを求めるなど、これらはすべて産業界における創造性を高めるための試みです。医療クラスターではすでに1千以上の新規雇用が創出されています。一方Lohr社[*97]は、革新的な近未来の交通手段開発プロジェクトの受け入れも表明しています。また雇用創出だけでは若い世代を地方にひきつけられません。適切な価格での住居の提供も同じくらい大切です。

図49　ライン川の支流運河沿いに位置する、倉庫などの産業遺産建造物の再利用例。左側手前がメディアテック、その後ろがＳＨＡＤＯＣの建物（http://www.shadok.strasbourg.eu/）。右手は新規に建設されたマンション。

*97　http://lohr.fr/　ゴムタイヤＬＲＴ車輌製造も行っている。

まちを読み取る作業は、市民の「居心地よさ」につながる都市計画を構築すること

四つの国境を抱えるこのアルザス地方はフランスの中でも豊かな経済基盤があります。ドイツのカールスルーエ大学、フライブルグ大学、スイスのバーゼル大学とストラスブール大学で、単位の互換を認めたり、文化プログラムに自由に参加できる共通カードを設けたりと、先進的な試みを行政から直接大学関係者へ働きかけて行っています。「ヨーロッパキャンパス」と呼んでもいいでしょう。ストラスブール大学を始めとする高等機関との諸連携にあたる行政官を、役所の中に私がもう今から20年以上前に設置して、大学と行政の人事交流も行ってきました。

――20年前のトラム導入と同じように、他に先駆けたイノベーティブなアイデアやプロジェクトは、一体どこがイニシアティブを取るのですか。

私たち自身、首長や議員です。それから、私たちはネットワークとパートナシップを大切にして、働くチームに恵まれました。

――個人主義的に成果を上げてゆくビジネス土壌があるフランスで、どのようにして、異業種間でのチームワークをまとめられたのですか？　たとえば都市計画と交通部の協働など。

１９９４年に完成したトラムに関しては、フランス初のプロジェクトだったのでフォーマットがありませんでした。だからタスクチームを創り、プロジェクトリーダーを指名しました。トラム局は交通だけでなく、財務、法務、広報、道路、空間整備など、すべての行政を横断的に貫通してプロジェクトを完成させました。そのときに要

求された技術性の高さと協力体制が、当時のストラスブールの行政の姿を「変身させた」と言ってもいいです。行政での大型プロジェクト実現には、タスクフォースを起動させ、行政全体を動員する必要があるという考えを職員が深く理解したことに意味があります。まちとしての資質がドラマティックに変わったストラスブールの姿をみて、「まちづくりはアートの一つだ」（図50）「まちを読み取る作業は、市民の『居心地よさ』につながる都市計画を構築することだ」と職員全体が身を持って納得したのです。

――これからのまちづくりの課題は何でしょう。

いかに都市のスプロールに対応するかです。まちの中心に人を集めつつ、どのように住みやすい中心街をつくってゆけるか。より広い緑空間が必要ですが、エコカルティエ[*98]の拡大も期待されます。住宅をある程度密集させても、緑空間を配置して自転車移動を優先させて交通を調整してゆくことが求められます。

交通の税制度（公金投入）は、公共交通が市民にもたらす社会生活における恩恵に対して連帯して支払うコストの一部

――今日は交通から、産業育成、住宅にいたるまでお話をいただいてありがとうございました。最後に「フレンチトラムウェイ[*99]」が人々の生活をどのように変えたか、何が一番大きなインパクトだったのか、お考えをお聞かせください。

乗りやすいトラムが導入されて、市民のまちへのアプローチの姿が変わりました。

図50　ＢＲＴ駅のランドマークとしての赤い玉。遠くから見えやすく野外アートにもなっている（ストラスブール市）

＊98　公共交通拠点に近いエリアに設定する、環境に優しい移動手段を利用しやすく、駐車スペースを抑えた緑の多い低エネルギー住宅群。

＊99　景観整備を伴ったフランス流のＬＲＴ導入を、欧州では「French Tramway」と呼んでいる。

今でもまちなかで私は良く市民に「トラムを入れてくれてありがとう」と言われるのですよ。もう20年以上前のことなのに、まるで最近手がけた事業であるかのように。人々はトラムを受け入れたのです。それからトラムは自転車の利用も簡単にしました。ただ余りに歩行者と自転車が増えたために、どのように調整するかが課題です。

——こんなに税金を投入しているのに、反対意見がないのでしょうか。

ほとんどの市民はトラムを切望したのですよ。まちを美しくしたトラムはその導入地域での不動産資産の価値を上昇させました。便利であらゆる年代に有益なトラムは「社会資産」の一つとしても市民に受け入れられているのです。トラムは高くつきますが、まちの役に立っている。それが市民の実感だと思います。またトラムはまちのイメージを変えました（図51）。持続可能な開発都市が言葉だけでなく、その確実なイメージ化が可能になったのです。交通の税制度（公金投入）は、公共交通が市民にもたらす社会生活における恩恵に対して、連帯して支払うコストの一部と考えています。だから「私はたとえ使わなくても、受け入れるのです」。交通税に関しては、問題視されることもないと言い切ってもいいです。一つだけ残念な点は、これだけの努力を行ったにも関わらず、環境成果は期待したほど得られませんでした。都心の自動車利用が減少しても郊外の経済活動が発達した結果、大気汚染はこの20年間で余り改善されていません。それだけが心残りです。しかし、何もしなければもっと事態はひどくなっていたでしょう。

福祉、健康、商業振興、観光、まちのイメージづくり、企業や大学誘致の促進、地域コミュニティの形成など、地域交通は都市の生活に密接につながっている。トロットマン氏の「公共交通整備を中心したまちづくり」が「市民の住み心地の良さ」につながっていることへの信念はゆるぎがない。また「都市計画」に、「産業振興」「交通計画」「住宅政策」を統合させて将来像を描くストラスブール広域自治体連合評議会の様子が窺える。さて、皆さんは「公金投入は、公共交通が市民にもたらす社会生活における恩恵に対して支払うコスト」という考え方についてどうお考えになるだろうか？

図 51　ストラスブール市中心街フラン・ブルジョア大通りの LRT 導入前（上）と導入後（下）（提供：EMS）

4章　中心市街地商業が郊外大型店と共存するしくみ

1　フランスの商業調整制度

大型店舗出店規制から緩和への流れ

まちを訪れる交通が整っても、魅力的な市街地がなければ人々は都心には来ない。「まちの賑わい」を確保するために、中心市街地の店舗をいかに諸制度がサポートしてきたのだろうか。この項では小型店舗対大型店舗という対立構図に的を絞って商業に関する法律の流れと、人々の消費行動を通してフランスの商業実態、商店舗の現状を紹介したい。

フランスでは1852年に百貨店が生まれ、小売業にセルフサービス方式が初めて登場したのは1948年だ。スーパーマーケットは1957年にパリで750㎡の店舗が、ハイパーマーケットは1963年に初めて登場した。市民にとっては、レジの数が50以上並ぶオーシャン・ルクレール[*1]などが、駐車台数を2000台以上整備して郊外に点在する景観にすでに慣れてきて久しい（図1）。核家族化していなかった70年代、80年代には大型小売店舗集積地拠点[*2]に家族全員で出かけて、日本の3倍くらいの容量がある大きなキャディー一杯に一週間分の食料品を詰め込む買い物は、週末のメインイベントの一

図1　店舗の端が見えない広大なハイパーマーケット。食料品から日用品、自転車、家電まで販売している。レジは100台くらい並ぶ（ストラスブール郊外）

つであった。筆者は巨大なハイパーマーケットが、北フランスの野原に突如出現した80年代当初の人々の期待感を覚えている。そして瞬く間に食料品以外の専門店舗が並ぶショッピングセンターが次々と周辺に整備され、「そこに行けば、車の修理から牛乳購入まで何でも出来る」と、消費者にはその利便性が大変ありがたがられた。しかし、大型店舗の人々の日常生活への浸透が急ピッチで進む一方で、危機感を覚えた中小商店主の反対運動も活発だった。

1973年には通称ロワイエ法[*3]（大型店出店を規制する法律）が成立した。この時カルフール社の社長は、新聞紙面を買い取って法律制定反対の派手なキャンペーンを張った。この法律では「新しく発展しつつある小売形態が、従来の商業を踏みにじるものであってはならない」として、1千㎡の新設、200㎡を超える売り場面積拡張事業を規制し、「商業に関する都市計画県委員会」（CDUC[*4]）に事業展開の事前許可の決定権を与えた。また家族経営が多く、定年後の生活の保障などが不十分であった商店主たちの社会保障制度や失業対策を整えるスキームを制定した。ロワイエ法は何度か改正・補強され、1996年のラファラン法[*5]としてまとめられた。ラファラン法ではフロア300㎡以上の新設、及び販売面積拡張工事が規制の対象となった。またフロア6千㎡以上の出店に際しては公開調査を実施する義務を課すなどの新基準で、大型店舗出店に対する規制を強化した。一方で90年代の大型店舗のこうした増加が、都心の商店街を見直し、存在価値を問いかけるきっかけを与えたともいえる。ちょうどナント、グルノーブル、ストラスブールで、近代型LRT整備が始まった時期と重なる（図2）。特に1994

＊1　スーパーマーケットの定義はフロア面積400から2500㎡、売上高の少なくとも3分の2が食料品。ハイパーマーケットの定義は2500㎡以上のフロアで、売上高の少なくとも3分の1が食料品。年間売上高からみると、Carrefour, Auchan, Leclercの順。この章の数字は特別な表記がない限りは、INSEE発表資料から引用している。

＊2　フランス語ではGrande Surface文字通り「広いスペース」という意味。

＊3　通称ロワイエ法、正式名称は商業・手工業基本法。Loi ROYER：Loi d'orientation du Commerce et de l'artisanat

＊4　商業に関する都市計画県委員会CDUC：les Commissions Départementales d'Urbanisme Commercial

＊5　通称ラファラン法、正式名称は商業・手工業の振興・発展に関する法律。Loi relative au développement et à la promotion du commerce et de l'artisanat

年に１００％低床車輛を導入したストラスブール市は、まちの景観整備を同時に行い、都心に市民を呼び戻し、市街地活性化に成功し、環境にやさしい賑わうまちとして先進モデル都市への道を歩み始めた。

だが、ラファラン法施行後もハイパーマーケットは増え続け、しかも１店舗あたりのフロアは約６千㎡と広くなった。国立統計経済研究所によると、２００９年の小売店舗売場面積は合計７７００万㎡で、フロア面積が２００４年と比較して12％増えたのは大型店舗出店のおかげだ。小売業成長の中心を担ったのも、２００４年から２００９年の間に業績が27％上昇したハイパーマーケットだ。大型店舗が小売業全体の雇用の半分と売り上げの３分の２を占め、中でもハイパーマーケットだけで小売業全体の雇用の20％を占めている。

一方、２００８年には経済近代化法[＊6]が制定され、出店認可手続きの基準を３００㎡から１千㎡まで引き上げる規制緩和が行われた。ラファラン法で新設基準を下げた結果、中小規模の商店にとっても申請プロセスが負担になったことを反省して、１千㎡以下のフロア面積を新設する事業者の開設を優遇して商業の活性化を図った。ラファラン法でガソリン小売店やホテル開設等に課されていた規制も取り払われた。ただし１千㎡を超える新設は、環境や持続可能な開発などの新基準を満たす企画内容を示して事業許可を得ることが必要になった。「一般都市計画法制へ商業都市計画法制を組みこむ」と明記した同法では、大型店舗出店に対して規制緩和を行った。

各種の法律が、大型店出店の規制と小規模小売店の維持に余り有効に機能しなかった

図２　ナント市のＬＲＴ

＊6　経済近代化法：Loi de Modernisation de l'économie。1千㎡以上の販売施設の建設、拡張は自治体が承認する建設許可取得に先立ち、特別な許可を得る必要がある。

のはなぜだろうか？　市民が生活圏から歩いて買い物ができる商店街を近隣商店[*7]と呼び、非常に愛着を持っているのは事実だ。地元の商店が住民のコミュニケーションの場として十分活用されており、商店主たちも地元のソーシャルキャピタル[*8]を担う住民としての自覚を持っている。一方で新店舗の出店申請を審査する、市長・市議会議長・商工会議所代表者などで構成する「県商業施設整備委員会」（ＣＤＡＣ）[*9]は、「雇用創出」「事業税収入の増加」という魅力を前にして「大型小売店舗」には出店許可を与えてきた。たとえば２０１５年アンジェ市が位置するメンヌエロワール県で、14件の申請に対して許可が下りなかったのは1件だけだ[*10]。２０００年くらいから大型店舗進出のテンポが遅くなったのは規制の結果ではなく、むしろ単身世帯、就労女性や高齢者の増加、クルマ利用者の減少等の社会の構造変化が理由であった。結論としては、法律による規制が存在しても、建築許可や営業許可を自治体が与えたので、大型小売店舗は増え続けた。そして、小規模店舗の衰退と、大型店舗出店規制法を直接的に関連付けることがなくなったと言える。

新スタイルの小売業態―ハードディスカウントとＥショッピング

規制緩和の背景には、必ずしも販売面積の規制だけで対応できない新しい形態の小売業が増えてきた事実もある。陳列や包装を極力省略し、倉庫で買い物をするような低価格小売業・ハードディスカウント（図３）がドイツでまず発達した。筆者がかつて住んでいたストラスブール市では国境を渡って、アルディ[*11]やリドル[*12]で買い物をする市民も90年代にはすでにみられた。ドイツのアルディはフランスに１９８８年に進出、一方リド

＊7　Commerce de proximité

＊8　社会関係資本。社会、地域における人々の信頼関係や結びつきを表す概念。

＊9　県商業施設整備委員会　ＣＤＡＣ：Commission Departementale d'Aménagement Commercial。出店先のコミューンの首長と土地の商業界を代表する合計7名から成る委員会で、大型店舗出店申請を検討する（商法に基づく。ＣＤＡＣが却下したプロジェクトには、首長は建築許可を与えることが出来ない）前述の都市計画県委員会ＣＤＵＣの新しい名称。

＊10　出典：ＣＤＡＣウェブサイト。申請案件は１００㎡から1万９９６０㎡まで多岐に渡るが、却下されたのは必ずしも広い面積の案件ではない。ただし、1万９９６０㎡のショッピングセンターについては、県はＧＯサインを出したが、国の商業施設整備委員会（ＣＮＡＣ）が許可を与えず、結局企画は流れた。

＊11　ＡＬＤＩ

＊12　ＬＩＤＬ

ルは焼きたてのパンを販売するコーナーを設けるなど、フレンチタッチを追加して現地化の努力を行った（図４）。２００９年の食料品売場面積を比較すると、ハードディスカウントはハイパーを除く売場面積の４分の１を占めるまでになった。社会階層間の価値観や生活スタイルの歴然とした相違があるフランスでは、２０００年に入るまではハードディスカウントやハイパーマーケットには比較的生活が豊かな層はあまり足を運ばなかった。しかし２００８年のリーマンショック以降、10％を下がることのない失業率、特に高い若年層の失業率、目減りする年金、賃金の停滞などの社会現象が、品質をあまり問わないトイレットペーパーなど生活基本物資の購入に、中産階級をもハードディスカウントに向かわせている。また１９６０年代には家計出費の12％を水、ガス、電気、保険、電話などの必要経費に充てていたが、２０１２年には28％にまでなった。[*13] 増加分の大半を占めるのは通信・コミュニケーション関係の契約費用である。さらに２０００年に導入された法定労働時間35時間制は余暇時間を劇的に増やし、バカンスのために日常生活の出費は節約する傾向が若い年代にみられる。

　スマートフォンやタブレットの普及に従い、E-Commerce と呼ばれるインターネットショッピングがこの５年間で大成長した。２０１５年度のフランス人の買い物の10回に１回がネット上で行われ、２０１４年度のネット販売売上高全体は６５００万ユーロにもなった。恒常的に３００万人くらいのネットショッパーがいると計算されている。[*14] フランスの一般家庭でも、光ファイバー整備などブロードバンド化が進み、テレビや電話もインターネット回線を通じた配信が広まり、料金的にスマホ利用も含めてすべてが統一

図３　格安マーケット・ハードディスカウントショップの商品陳列（ナント郊外）

図４　フランスのＬＩＤＬ。「焼きたてのパン常置」とアピールする看板（ナント郊外）

＊13　出典：メンヌエロワール県商業白書。ただしこの数字はフランス全国の平均値。

された安価な料金になったことも、市民のインターネットショッピングを後押ししたのかもしれない。日本でテレビやＰＣのインターネット契約、スマホ契約、固定電話契約が一本化されたと想像してほしい。[＊15]

フランス人はどこで買い物をするか—郊外店舗と市街地店舗の共存

２０１１年、フランス人の87％は一週間に一回はハイパーマーケット（図５）かハードディスカウント店に行っている。食料品買出しの72％をハイパーマーケットで行い、残り12％をまちのパン屋・肉専門店・総菜屋で購入する。特にフランス人の65％がパンは個人店舗のパン屋さんで購入しており、牛肉と豚肉加工品もまちの専門店舗で買い続けている。インターネットで購入する食料品は、０・６％にしかならない。市街地のミニスーパーは忘れ物をした時の買い物と、高齢者の利用が主流だ。人口が２万人以下のコミューンではほとんどの住民がハイパーマーケットで買い物をしているが、これは村にはもう朝市や商店がなくなってしまったからだろう。ところがコミューンが大きくなるにつれ、街中での買い物が増え、パリの住民が消費する食料品の20％が、街中の小売店で購入されている。衣料品はハイパーよりは個人店舗で購入される傾向が強く（フランス全体の平均値34％）、パリでは49％の衣料品が街中店舗で購入されている。だから普段は車でハイパーマーケットに出かけて買い物する消費者も、衣料品はまちの小売店舗に足を運ぶ。電化製品や家具などはその70％がハイパーマーケットで購入されている。以上を総括すると、フランス人は大型店舗では食料品と家具・電化製品などの生活物資

＊14　出典：ＩＮＳＥＥ。ＣＤや本などの文化嗜好品消費の11％がネットで実施されたが、食料品や衣料品のネット上での購入はまだ珍しい。

＊15　たとえばテレビ、固定・携帯電話、インターネット接続の１か月契約料金は30ユーロから商品化されている。原則、フランス国内の固定・携帯電話への通話と世界１００か国以上への固定電話あての通話は無料。

図５　アンジェから車で10分の位置にある巨大ショッピングセンター・アトール（ＡＴＯＬＬ）は、超近代的なデザインと環境を意識したパーキングデザイン、安全に配慮した歩行者専用道路配置を誇る。写真はベビーカー使用家族専用のパーキングスペース

を購入し、パンや肉のような基本的食料品と個人的嗜好品や衣料品は街中の店舗で求める。ＤＶＤや本は時々インターネットで購入するという、買い分け行動が垣間見える。

フランス人の購買能力

欧州でも「フランス人とお金の関係は複雑だ」と言われている。現在の大統領オランド氏が金融界を激しく批判した２０１４年の選挙戦で引用したのは「お金、それは人間の意識までも腐敗させる」という１９７１年のミッテラン氏[*16]の言葉であった。重税と富の再分配により、世界でも稀に見る高度な社会福祉国家を作り上げてきたこの国では、公共のポストに就労している公人に対するチェックは厳しく、自治体や第３セクター運営も含めて、公共機関での予算の公平かつ順当な運営と透明性をもった公開性に対する要求度は高い。国民感情としては月給が５千ユーロ（約68万円）以上、資産が50万ユーロ（６７００万円）以上の人は裕福だと見なされている[*17]。

フランス人の平均給与は名目２９１２ユーロ（約36万４千円）、実質は２２０２ユーロで年間実質収入は約３５７万円。エネルギー、交通など社会インフラコストや不動産価格は日本に比較して安価であり、また大学卒業まで原則として教育費が無料だ。国立統計経済研究所によると、25から60歳までの女性のうち専業主婦は14％しかいないので、フランスでは１世帯で就労者２人のケースが多い。よって世帯の可処分所得という観点からみた日本の平均給与との単純な比較は難しい。２００８年のリーマンショックが経済の停滞による社会の閉塞感をもたらした大きな曲がり角の年だが、イギリスやドイツ

＊16　François MITTERRAND　１９８０年から１９９４年までのフランス大統領。

＊17　日刊誌 Les Echos が２０１５年に行った調査によると、78％が「金持ちであることは良くは見られていない」と答え、フランスではアメリカのように成功や富を見せびらかす行動様式は田舎者と見なされる。同時に同じ回答者の72％が「金持ちになろうとする努力は良い」と答えている。富に対する相反する気持ちが見える。

に比べれば公務員が多く解雇や給与減額が厳しく管理されているフランスでは、リーマンショック直後は国民の購買能力の劇的な急落もなく、欧州諸国の中ではダメージが少なかった。しかし、現時点での経済活動の上昇率が欧州近隣諸国に比べて鈍化している印象は否めない。労働者の権利を守るために「解雇が難しい」、「だから雇用が伸びない」という決定的な事実を前に、社会主義的な理想も追求するフランスのジレンマがある。労働法が規定している煩雑な手続きの簡素化を２０１６年に政府は試みているが、重税システムと複雑な雇用手続き、ほとんど不可能な解雇、こういった労働法規は零細経営の商業店舗にも同じように課せられる。それでも地方都市のまちなかでは商店が元気だ。なぜだろう。

アンジェ生活圏の商業実態

フランス全体の商業の流れから、アンジェを例に取り、マクロに実情を検証してみたい。アンジェ市内の住民が利用するハイパーマーケットや商業集積地は、すべて郊外のコミューンに位置している。だからアンジェ市が中心都市となるメンヌ・エ・ロワール県商工会議所は、約１千㎢の生活圏の住民31万人を対象として商業調査を行った。[*18] 生活圏全体で一日に１０５万トリップあり、そのうちの73万５千トリップ、65％がアンジェ市を起点、あるいは目的地としており、郊外のコミューンの人々も就労、買い物にアンジェ市内に移動する機会が多い。人口15万人のアンジェ市内では一世帯の平均が１・９人、市外は２・５人。市内では65歳以上が15％で、生活圏内の境界地域でも23％なので

＊18　ＳＣＯＴのテリトリー　本書１４１頁参照。この頁の数字はアンジェ地方土地整備庁ＡＵＲＡ（本書１３５頁参照）２０１２年５月発表資料及び商工会議所の商業白書（２０１５年）より。

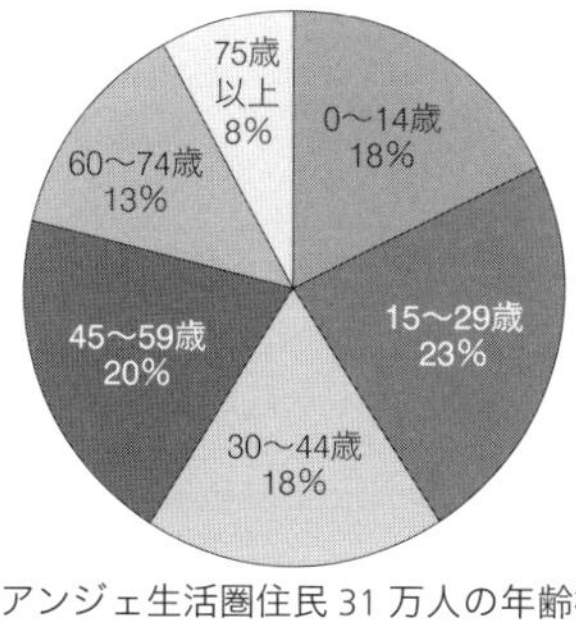

図６　アンジェ生活圏住民 31 万人の年齢構成

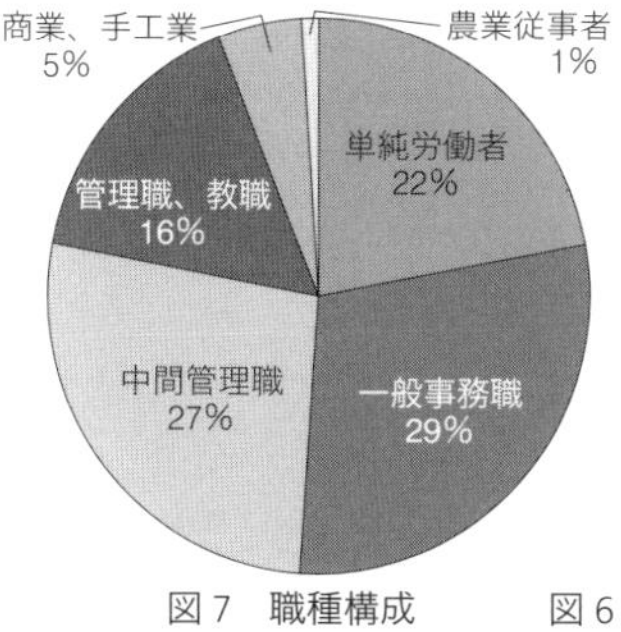

図７　職種構成

（出典：県商工会議所商業白書 2015 及び AURA observatoire économie-emploi）

高齢化はそれほど進んでいない（図6、7）。ちなみにフランスの出生率は2・09である。アンジェ市内ではマイカー保有率は一人につき0・53、郊外では0・67。アンジェ市から遠ざかると一世帯に2台のクルマ保有率が66％になる。市民は一日に3・87トリップ行い、1989年の3・22から移動が増えている。一人あたり平均一日に18・8㎞を52分かけて移動しており、全国平均よりも職住接近の姿だ。移動の8割が自宅を発着点としており、動機は仕事と買い物が大半を占める。市内では移動の51％が自動車、33・6％が徒歩だが、生活圏境界線区域の農村地帯では自動車利用率が78％にまで伸びる。逆に市内のLRTが走行している区域では公共交通利用が9％くらいある。

　小売店舗の営業内容をみると、健康関連ショップが595店と群を抜いて多く、その96％がフロア面積300㎡以下の小型店舗である。衣料・靴などの身の回り品を扱う店舗が431店、食品が427店、文化・レジャーが394店、インテリア用品が258店、自動車関連が45店と続く（図8、9）。店舗面積をみると、食品専門分野では店舗の72％は1千㎡以上の販売フロアを持つ。合計12店舗のスーパーマーケット[*19]と、ハイパーマーケットが12か所[*20]あり、そのうち、4店舗がネットで注文して商品を店舗で受け取る「ドライブソロ」サービスを提供している。住居関連店舗の74％も1千㎡以上の販売フロアを持つ。しかし全体として300㎡以下の小店舗における被雇用者数の方が5228人と、大型店舗より多く、就業者が一番多いのは食品関連店舗での3969人である（表1、図10）。

　2004年と2014年を比較すると、小売店舗数全体は3・5％（50店舗）、フロア

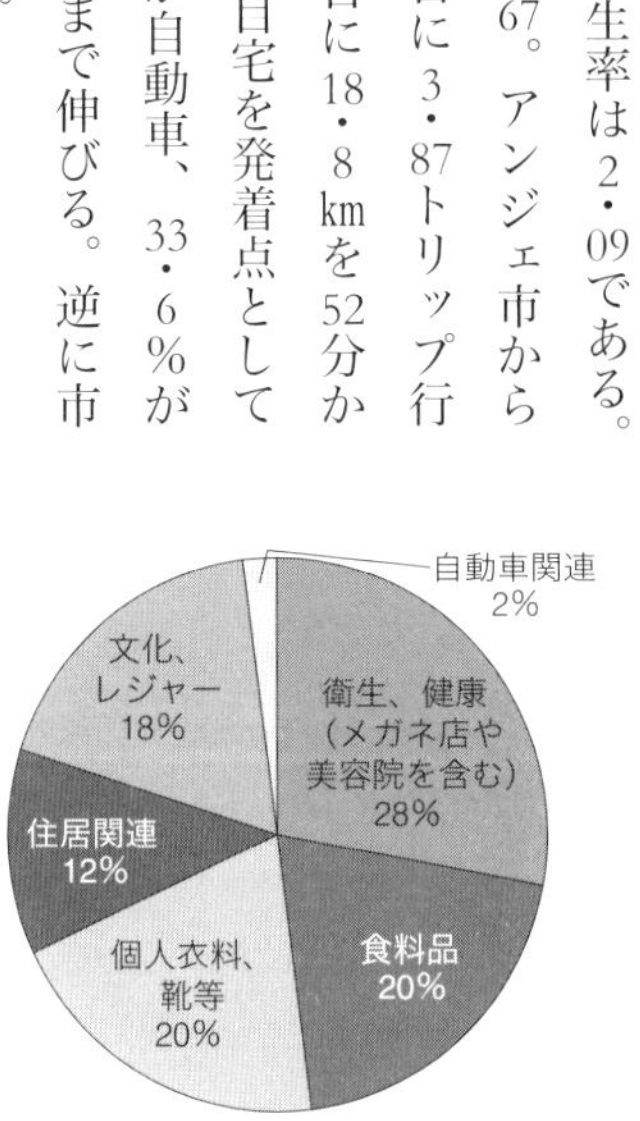

図8　アンジェ生活圏の業種別小売店舗数（出典：図6と同じ）

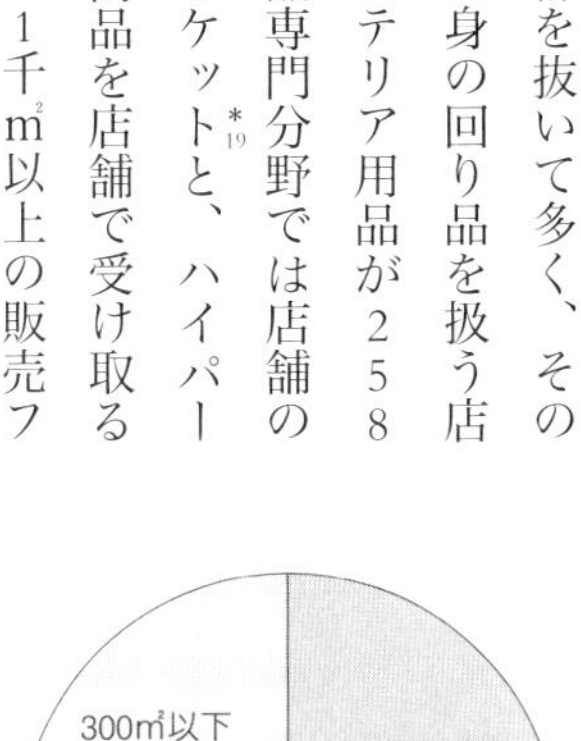

図9　販売フロア面積全体における店舗形態（出典：図6と同じ）

＊19　面積800から2500㎡までのスーパーマーケットが12店舗ある。

＊20　2500から4999㎡までのハイパーマーケットが5店、5千㎡以上が7店もある。

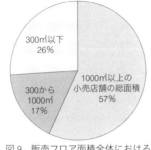

面積全体は22・6％（8万5372㎡）増えており、就労者数も8・7％（664人）増加している。増えた店舗の内容はインテリア、生活物資などのマイホーム関連、衣料を中心とする個人服飾専門店、健康やヒーリング関連である。逆に店舗数、フロア面積、就労者数のすべてのファクターで大きな減少を見せているのが、自動車関連であることは興味深い。詳細なアンケートをもとにこれらの「商業白書」をまとめた商工会議所は半官組織で、企業や商業界の利益を代表する機関として、地方では空港や港湾施設などを所有、運営したり、経営スクールを管理する。1980年代の地方分権に従い、州政府が商工会議所をはるかに上回る予算で地域全体の経済活動や投資計画などを担当するようになった今では、「起業者への支援」と「職業訓練の提供」が商工会議所の主な活動となった。

新しい消費傾向

近年「自分を大切にする」文化が成熟してきた。健康関連ショップ（図11）が25％、香水や美容院が11％、マッサージサロンなどサービス店舗が5％、2010年から2014年に増加しており、ヒーリング提供ショップや健康ビジネスが街中に目覚ましく進出している。同じように「自分にご褒美」できる店舗が増えた。ワインショップ11％、チョコレート専門店50％、凝ったコーヒー豆などを揃えたお店21％と大変な伸びだ。こういった商品は大型店舗では購入しない。週末にまちに出てぶらぶら歩きながら、映画やカフェに行きショッピングをして夜は余裕があればレストランに、という行動につな

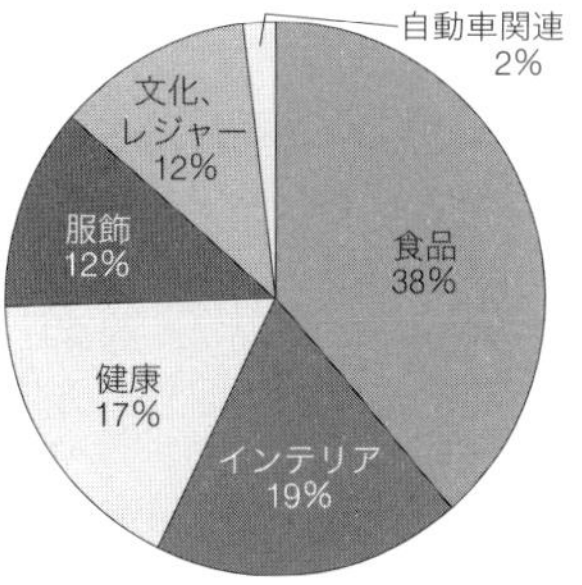

図10　小売店舗における従業員数
（出典：県商工会議所商業白書 2015）

	2014年（2015年1月レポート）	2004年
小売業店舗数	2174戸	2124戸
300㎡以下	1916戸（従業員数5228人）	
300から999㎡	164戸（987人）	
1000㎡以上	94戸（4064人）	
フロア面積合計	51万6692㎡	43万1420㎡
従業員数	1万279人	9615人

表1　小売店舗における従業員数（出典：図6と同じ）

がる。よって近接商店への回帰とも言える。一時期客足が遠のいた高級惣菜屋さんやチーズ専門店なども10％増加している。ハイパーですべてを購入する買い物スタイルが少しずつ、街中との買い分け行動に移行している。また自分が好きならば何でも良い、というわけではない。消費者の購入商品に対する環境への配慮や社会問題への問いかけ意識が強くなった。普通の市民が、児童を不当労働させて安く欧州に輸入される商品を避けて、あえて単価の高い Made In France にこだわる。また食品の生産プロセスや原産地に関心が高まり、２０１０年から２０１４年の間に街中で自然農関連ショップが５％増えた。筆者の観察でも、朝市の生鮮売り場の３分の１が今や有機栽培や無農薬の生産物を強調するスタンドで占められている。時代はますます内向き志向が強くなり、自分のリビングやキッチン・寝室を心地良くする「インテリア」関連店舗が増え、郊外のショッピングセンターでもＤＩＹ[*21]関連フロア（図12）面積は県内だけでもこの10年間で10万㎡増えた。もともとフランス人は日曜大工が大好きで、ＤＩＹでは一軒家の建設が可能な原材が揃っている。週35時間労働で余暇が長くなり、物価の値上がりとともに「自分で材料を購入して建築した方が経済的」とみなす人口が増えた。

　消費者たちは自分のためにもっと時間を費やすために、広いハイパーで歩き回って土曜日に疲れ切るのではなく、宅配を依頼する。面積１千㎡以上の大型店舗の32％がドライブ（あらかじめネット注文した商品を、消費者が自家用車で店舗で受け取るサービス）を提供、街中の小売店舗でも10店のうち３店が宅配をサービスしている。２０１４年では圏内の全店舗の14％がネット販売も同時に行っている。これは経済状況を反映し

図11　市街地に突如あらわれた「アクアバイシクル（自転車）センター」（アンジェ市）

＊21　Do it yourself　日曜大工店

て、消費者が同じ商品を購入するなら少しでも安価なものをネットで探し、購入済みの消費者の「直接の声」を確認してから物品購入を決める消費パターンが根付いてきていることを意味する。一方で上記の街中での買い物志向と反対なようであるが、スーパーマーケットでさえも物価が高いと受け取られ、ハードディスカウントでの売り上げがこの2、3年間伸びている。生活に本当に必要な物資市場では容赦ない安売り競争が繰り広げられ、必需品以外では供給が余りにも豊富なので差別化が進み、夢を見させてくれる商品を提供する店舗だけが生き残れる。つまり、市場の二極化が進んでいる。

なぜ市民は週末に市街地に集まるのか

70年代からハイパーマーケットでの圧倒的な品揃えと便利さを当然として享受してきた年代の子供たちが、今消費を支える30代、40代にさしかかった。産業経済博士で人類学者でもあるオリヴィエ・バドー氏[*22]は、この世代を「ＦＵＮ」を求める世代とカテゴリー化している。２００２年には「親の年代よりもいい生活が出来る」と55％が回答したが、２０１５年には27％に落ち、54％が逆に「多分、自分は親の年代よりはレベルの下がった生活になる」と回答している。社会上昇のメカニズムが停滞したフランスでは、「不確実な未来」しかない代わりに今を楽しむ享楽的な若者世代が生まれている。もはや「消費行動やモノを所有することには幸せを求めておらず、社会とのつながり、あるいは『つながっている』という錯覚、家族の絆、仕事における充足感、レジャーにより幸福を感じる年代だ」と述べている。彼らは自分のご褒美になる商品を、ハイパーマー

図12　大型ＤＩＹ店舗　フランス人は日曜大工で風呂場やキッチンまで作る

＊22　Olivier Badot «*Prospective du commerce urbain : Tendances, gouvernance et acteurs*», BADOT and al - 2013

ケットと同レベルの豊富な品揃えがあるお店で、ネットショッピングのごとく「いつでも自分の好きな時間に」、そして個人店らしいパーソナライズされたサービスと情報提供を得て消費したいと願っている。だから店舗もこの世代を引き付けるには、従来とは全く異なるアプローチが求められ、個人店舗が消費者を満足させるハードルは益々高くなってきている。フランスではかつては商店は12時から14時まで閉店していた。職住接近でランチに自宅に帰る人が多かったためで、今でも小学校のお昼休みは2時間もある。しかしアンジェ市での歩行者調査では中心街を歩く人の流れの23％は12時から14時までに集中しており、ほとんどの店舗が今ではお昼休みにも営業している。また50年来の労働組合と政府の攻防であった日曜営業も、ようやく様々な条件付きであるが、２０１５年度のマクロン法の制定以来少しづつ一般化してゆくかもしれない。[*23]

地元の人に「週末にまちに何しに行くの？」と問うと、一様に「ぶらぶら歩きに行く」[*24]という返答がある。市街地はただショッピングするだけでなく、「歩いて楽しい空間」としての機能も備えている。簡単に駐車できて、公共交通でも中心市街地にアクセスできる。郊外の大型店舗にはないバラエティに富んだ商品を揃えた小売店舗、一休みできるグリーンスペースやカフェ、映画館などが揃っている、そんな市街地で人々は家族とともに週末に時間を過ごす（図13）。

ショップオーナーへのプロセス

アンジェ生活圏では２００１年から２０１０年まで商業小売店舗面積が42％も増加し

＊23　マクロン法　loi Macron：loi pour la croissance, l'activité et l'égalité des chances économiques　フランスの労働法典Ｌ２２１－５で「日曜日は労働者の休息日である」と明記して、日曜労働にあたる就労者には特別な措置や手当てが雇用者に義務付けられてきた。

＊24　"On va se promener"

図13　趣味のワインショップ。ちょっと飲めてボトルの購入も出来る（アンジェ市）

たのに、エリア住民の消費は14%、人口は5・6%しか増えていない。つまり少ないパイを奪い合うビジネスだ。アンジェ生活圏の小売店舗には、オーナーショップは26%しかなく、ほとんどがテナント商店主だ。フロア面積が1千㎡を超えると46%がオーナー経営になる。代替わりの回転がかなり速く、47%がこの5年以内に開店している。フランチャイズ店や大型チェーンに属するのは少数派で、80%が全くの個人商店だ。テナントで入る商店主の場合、商業店舗取り扱い専門の不動産店のウェブサイトや、あるいは聞き込みで物件を見つける。商店の79%が大家と賃貸借契約[*25]を結び、家賃を払う。一般賃貸住宅と同じく3年、6年、9年の契約があり、解約は双方からのアプローチで可能だ。契約満期になる6か月前までに、受け取り証明書付き書留郵便で相手方に契約未更新を伝える。契約書では大家は借り手の行う商行為の業種指定が可能だ。アンジェ市では業種を決めた賃貸借権が37%、「…以外の小売りはすべて了解」のような条件付き賃貸借権が13%を占める。家賃はロケーションにもよるが、一般住宅と同じ基準で、市街地の中心に近づくほど高騰する。家賃のほかにも大家は一括払いの金額「パドポルト」[*26]を入居時にテナントに要求でき、1か月家賃の6回分くらいの高額になる場合もある。またフランスでは個人商店を開店する際に、営業権[*27]を場合によっては買い取る。営業権は、テーブルや椅子などの有形財産と、顧客名簿やノウハウなどの知財を含む無形財産を意味し、双方が譲渡や相続の対象になる。そして商業登録[*28]を行えば、商店経営者としての社会的身分が確立する。この登録番号がなければいかなる決済も出来ず、この番号に沿って社会保険の掛け金徴収や各種税金の申告を行う。

＊25　Bail de Location

＊26　Pas de Porte：直訳すれば「敷居権」。日本の「権利金」のようなものか。

＊27　Fond de commerce　営業権の売買は、市場の原理に従う。たとえばレストランであった店舗が、歯医者に業態変更するような場合には、営業権は売買の対象にならない。

＊28　商業活動拠点のナンバーが企業番号として、商業裁判所に登録される。RCS：Registre du Commerce et des Sociétés

もし賃貸契約期間の途中に商店舗の経営者が変わる場合には、新しい商店主は「賃貸借権」を引き継ぎ、必要であれば「営業権」も買い取る。Vices cachées とよばれる「意図的に隠蔽された不都合なこと」や順当な債権整理のためにも、商店の経営者が代わる時（「営業権の処分」と呼ぶ）には、小さな店舗であっても公証人を通じて手続きを行う。経営者が年金生活に入る場合には、老舗のブランド店や大型商店をのぞいては、年金生活の足しにするために子供たち以外の第三者に不動産や営業権を売却してしまうのがほとんどだ。リタイアしたあとも相続時までの節税対策を考えながらシャッターを下ろしたまま店を放っておく、という現象は見られない。なぜか。

シャッター通りを存在させないしくみ①空き店舗への課税

２００６年に２年以上空き店舗である不動産所有者には、罰則税制で「空き店舗税[*29]」の課税が法律で認められた。これは不動産市場における需要と供給のバランスを保ち、所有者の貸し渋りを妨げるには大きな効果がある。フランスでは一般の住宅用賃貸物件にも同様の課税があり、１年以上空き家にしておくと「空き家税[*30]」が課税される。だから商店舗のシャッターを閉めたままにしておくと、店舗不動産のオーナーには固定資産税と空き家店舗税の双方が課税されるので、当然すみやかに次のテナントを見つける努力をする。「空き店舗税」は自治体の独立財源となり、税率は空き店舗になって３年目が固定資産税額の10％、４年目は15％、５年目は20％だ。課税の適用は自治体の判断に任され、すべての自治体が課税を適用しているわけではない。理由として、余りこの種の

＊29　空き店舗税　ＴＦＣ：Taxe sur les friches commerciales・Code Générale des impots 30/12/2006　第１５３０項・フランス語ではこの税金の名称が「商業不毛地税」というのも興味深い。https://www. service-public. fr/professionnels-entreprises/vosdroits/F22422

＊30　人口５万人以上のコミューンで適用される「空き賃貸用不動産税」：Taxe sur les logements vacants applicable à certaines communes　(TLV) https://www. service-public. fr/particuliers/vosdroits/F2847

＊31　家族経営の形で商店を登録すると（ＩＲ）、法人税は40％の課税率になる。商店を有限会社と登録した場合（ＩＳ）は、収益に対する法人税は15％から33％の課税率で、法人が商店経営者の個人に配当や給与を支払う形になる。
　商店を会社組織にしていた場合で、オーナーのリタイア時に会社を直系の子供に売却する折には、30万ユーロまでは譲渡税が免除されるが、譲渡後５年間は後継者が店舗経営を続ける義務や、「先代経営者が少なくとも過去２年間は店舗経営に当たっていた」等、条件が財政法で仔細に設定されていて、偽装商店による脱

税金を増やすと、不動産に対する投資欲を減少させるかもしれないという懸念がある。また不動産所有者のリストを自治体は所有しておらず、実際の適用には税務局との協働が必要になる。アンジェ市ではまだこの税金を課していないが、現在の空き店舗率は都心で4・8%と非常に低い。

オーナー経営者がリタイアして代を家族の者に譲る場合は、不動産と「営業権」の引き継ぎは家族以外の第三者に対して譲る場合と同じプロセスで行われる。なぜならばフランスでは節税対策から商店も企業形態を取っている場合が多く、商店経営の経理と個人としての所得申請が全く独立している。[*31] 不動産としての店舗も企業の資産と見なされる。それではオーナーが死亡した相続の場合はどうなるか？

一般の相続と同じ条件で行われる商業店舗の相続

遺産相続の場合は、民法に従って、生前に特別な契約や遺言がなければ通常の遺産相続と同様に、[*32] 店舗及び営業権の相続が執行される。夫婦で店を経営していた場合、残された伴侶は不動産所有権を遺産相続の権利がある者たち（子供たち）に譲渡し、「営業権の終身用益権」を使用できる。早く店を不動産として処理して現金を分割したがる子供たちに対して、残された伴侶が住み慣れた場所で商売を続けることを可能にする制度だ。[*33] 終身用益権を得て商店経営を続ける者は不動産の所有権はないが、経営から生じるすべての収益を得ることができる一方、店舗のメンテナンス等の出費を負わなくてはならない。一般には「用益権を行使する残された伴侶」と「店舗の不動産所有権を得る子供た

税や節税が難しい体制になっている。

*32　特別な契約（たとえば夫婦間の財産共有契約）や遺言が無い場合は、全財産の50%が残された伴侶に、残りは子供たちで分割する。ただし伴侶が用益権（居住権）を選択すれば終身不動産に住居できるが、所有権は子供たちに属するため用益権の対象になる不動産の売買などは出来ない。なお、現行の法律では伴侶への相続には税金が免除されている。

*33　用益権の行使そのものは、一般住宅でも行われる。また相続以外のケースでも用益権をつけた第三者への不動産販売も可能だ。この場合は住宅購入者は、不動産に住み続ける高齢者に対して、不動産購入費のほかに終身年金も支払う。だから不動産販売価格は、売り手の年齢を考慮して交渉される。当然売り手が高齢であるほど、不動産価格は高くなる。用益権を使用する者が長生きをすると、この不動産購入者は損をする仕組みだ。「人の早死」を待つようにも捉えられかねないこのシステムは一見異様に見えるが、終身の住まいや年金を確保できるので案外フランスでは利用されている。
http://www.distripedie.com/distripedie/spip.php?article1456

ち」が商店舗相続でよく見られる形で、この場合は「営業権」は、不動産としての「店舗」物件から分離される。なお、「営業権」も公証人による評価額が相続税の対象になるが、店舗経営を続ける者が伴侶である場合にのみ、営業権と不動産の相続税は２００７年から免除される。商店に対する特例措置の一つだ。

　伴侶の相続がなく、直系の子供たちのみが店舗不動産や営業権を相続する場合も、一般の相続と同じように相続税が課せられる。現行の法律では子供たちが受け取る相続は5万ユーロまでは相続申告が免除され、また10万ユーロまでは相続税の対象にならない。10万ユーロ以上の相続額に対して段階ごとに５％から累進課税され、１８０万ユーロ（2億２５００万円）以上の相続額は45％課税の対象になる。相続した物件を売却する場合も、相続した時点での不動産評価額と売価の差額に34・５％（付加価値税と各種社会保険）課税される。ただし、一般住宅と同じく自宅として利用していた場合は税は免除される。生前贈与の場合も同じ条件で控除と課税があり、必ず公証人を通して行うが、15年に一度しか控除は認められていない。なお、これらの数値は変遷が頻繁で、２０１6年7月時点の財政法[*34]の規定を紹介した。

シャッター通りを存在させないしくみ②自治体の先買権

　市街地の中には銀行や保険代理店ばかりが並んでいるのではなくて、ファッションや趣味のセレクトショップ、カフェやレストラン、本屋や花屋、食料品店に靴修理店、クリーニングなど生活に必要なお店すべてが商店街に揃っている。街中に住んでいれば歩

＊34　Loi de Finance

＊35　Droit de préemption：２００5年8月2日都市法典58条で「営業権」と「賃貸借権」の先買権が自治体に認められているが、その行使には商工会議所を含む広義の協議が必要だ。またＡＬＵＲ法（本書１３４頁参照）により、自治体が先買権行使を経済混合会社ＳＥＭ（本書１５０頁参照）に移譲することも認められる。

＊36　広域都市計画マスタープラン。本書37頁参照。

＊37　Conseil d'Etat

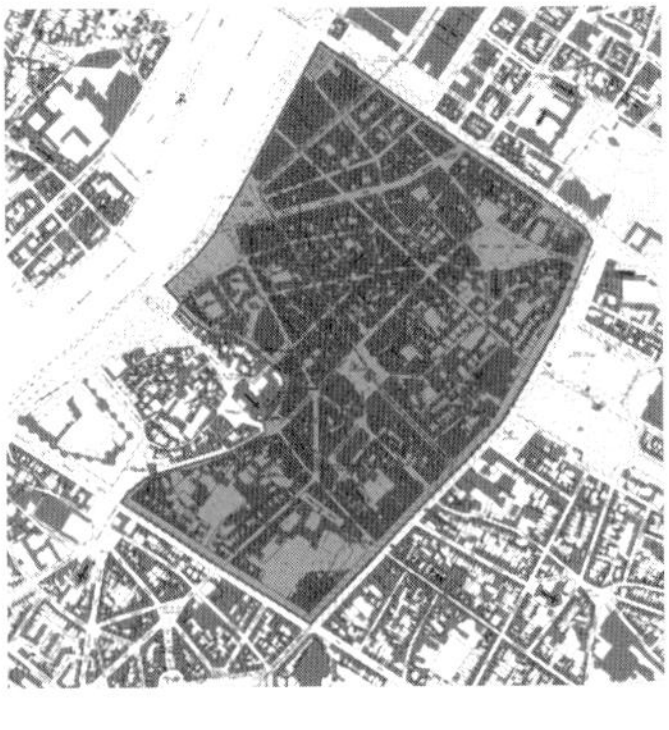

図14　自治体に先買権行使が認められているゾーン（提供：アンジェ市役所商業課）

いて20分の生活圏で日常の用事は車がなくても十分に足りる。なぜこういう都心を保つことができるのか。実はフランスの自治体には商店舗の「先買権[*35]」がある。コミューンが市街地先買権の行使放棄に署名した証明書がなければ、店舗の不動産や営業権の売買契約が成り立たない。都市法典L123−1−5で「『近接小売商店』を守り、商店の多様性を発展させるために、自治体による先買権の対象エリア設定」を認めている。先買権を適用する区域は都市計画マスタープランPLUやPLUiに表記される。[*36] たとえ指定区域にオフィスやサービス関連ショップが進出できなくても、「その規制が一般化されておらず絶対的なものでない限りは、また目的が市街地における伝統的な商業の保護にあるならば、ゾーニング設定は商業や産業の自由、あるいは土地所有者の権利に抵触するものではない」との見解だ。しかしながら、このゾーニングが自由な経済活動を妨げるものであってはならないとの原則から、国務院[*37]は対象エリアはコミューン面積の20%を上限としている（図14）。このように先買権は、「商業保護」「私的所有権」「起業する自由」に関わる非常にデリケートな案件で、慎重な対応が求められる。

具体的なステップとしては、まず営業権、賃貸借権や不動産物件の売り手は、先買権設定エリアにある不動産物件の売買申請書（図15）と営業権、賃貸借権売却申請書を自治体に提出して、「自治体が先買権放棄を通知する証明書」を申請する。自治体は2か月以内に回答しなければならない。市役所が「同物件の先買権行使を自治体は放棄する」旨の署名を行うと、商店物件の第三者への売却が可能になる。つまり地権者あるいは不動産所有者は、自由に私有財産を売却できるわけではない。アンジェ市では2010年

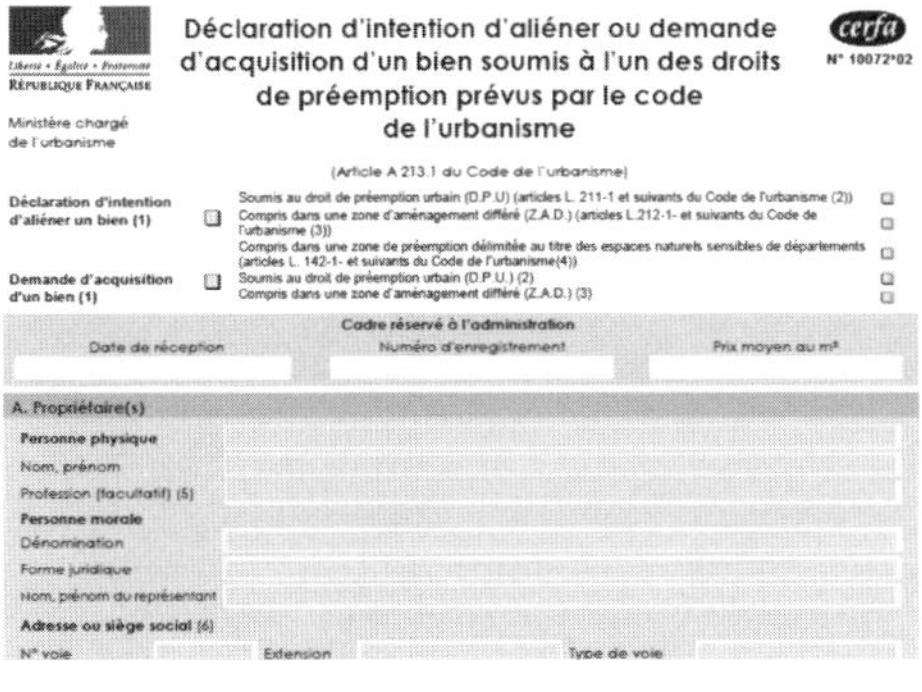
Liberté • Égalité • Fraternité
RÉPUBLIQUE FRANÇAISE
Ministère chargé de l'urbanisme

Déclaration d'intention d'aliéner ou demande d'acquisition d'un bien soumis à l'un des droits de préemption prévus par le code de l'urbanisme

cerfa N° 10072*02

(Article A 213.1 du Code de l'urbanisme)

Déclaration d'intention d'aliéner un bien (1)
Soumis au droit de préemption urbain (D.P.U) (articles L. 211-1 et suivants du Code de l'urbanisme (2))
Compris dans une zone d'aménagement différé (Z.A.D.) (articles L.212-1- et suivants du Code de l'urbanisme (3))
Compris dans une zone de préemption délimitée au titre des espaces naturels sensibles de départements (articles L. 142-1- et suivants du Code de l'urbanisme(4))

Demande d'acquisition d'un bien (1)
Soumis au droit de préemption urbain (D.P.U.) (2)
Compris dans une zone d'aménagement différé (Z.A.D.) (3)

Cadre réservé à l'administration

Date de réception	Numéro d'enregistrement	Prix moyen au m²

A. Propriétaire(s)
Personne physique
Nom, prénom
Profession (facultatif) (5)
Personne morale
Dénomination
Forme juridique
Nom, prénom du représentant
Adresse ou siège social (6)
N° voie　Extension　Type de voie

図15　都市法典第213−10項、先買権下にある不動産物件の売買申請書（出典：フランス政府HP）

から法律を適用している。実際には不動産や営業権の売買を取り扱う不動産業者や、売買契約をまとめる公証人が、申請手続きを代行する。ただし街中の店舗すべてが対象になるわけではなく、地図（図14）が示すように市街地中心部だけが対象だ。この措置を取れば、都心の一等地が銀行や保険代理店などのサービス関連窓口のオフィスばかりになってしまう現象を避けることもできる。そして先買権行使の対象地区を決定するのも「レゼリュ」[*38]と呼ばれる自治体議会の議員たちで、又先買権申請を審査するのは商工会議所のメンバーなどから成る委員会である。

もし市役所が先買権行使を決定した場合には、2か月以内に潜在的購入者が示した市場価格条件で自治体が物件購入契約を締結し、6か月以内に支払わなければならない。自治体の支払いが滞った場合には、不動産所有者は物件の回収を要求できる。都市計画を策定している自治体の96％が、都心Uゾーンと将来の都心として整備予定地域NAゾーンとで、この「自治体による先買権行使適用エリア」を設定している。元来この先買権は自治体が土地整備計画を企画する際に、将来を見越して「土地収用」という手段を避けて、穏便に市民の私有財産である土地や不動産を自治体が入手できるようにすることが目的であった。もし、自治体の土地整備計画前段階で、対象エリアの物件が売りに出され、自治体が先買権を行使した場合、不動産物件は「自治体の一時的保有」になる。自治体には実際の工事開始までの空白時間を埋めるコストなどの財政負担がかかってくる。だから実際には先買権行使率は0・6％でしかない。しかも自治体の先買権行使決定後も売り手からの控訴手続きなども認められているので、具体的に自治体が物件を購

＊38 Les Elus

入するまでに至ったケースは、先買権行使案件の60％しかない。だが、自治体の先買権が都心における乱開発や無秩序な商業店舗進出の抑制力として作用しているのは事実である。何よりも申請書には不動産売買に関するすべての情報を記入するので、自治体が都心一等地の不動産市場の最新価格情報を入手できる最上の手段ともなっている。

シャッター通りを存在させないしくみ③自治体が発行する建築許可と新規商店に要求する基準

三つ目の自治体が有する規制力としては、最も有効性がある建築許可の発行が挙げられる。「商業店舗の建築」「面積40㎡以上の拡張工事」「建物正面の変更などを伴うすべての改築工事」に対して、商業者は建築許可申請書を市役所に提出する必要がある。これは20ページもある書類で、実際には建築業者が代行記入・提出する。この時点でのチェックで景観規制などとの整合性が徹底的に調査されるので、最終的には調和の取れた色合いの街並みに落ち着く。アンジェ市のようにほとんどの商店街が歴史遺産建造物の半径500m以内に位置する都市では、国が定める保全・活用計画[*39]を遵守し、すべての工事はフランス建造物監視官の見解に従う必要がある。[*40] 40㎡以下の拡張工事や簡単なファサード（建物正面）の変更だけなら、事前申告書提出[*41]で済む。また2005年に制定されたバリアフリー法[*42]を遵守しているか否かのチェックが必要だ。それ以外にも店先に出す看板・広告・店名の標示法にいたるまで届出が要求される。フランスでマクドナルドが赤色のトレードマークを出さないのは、建築許可を得るために建築事業者が周囲の風

*39 景観保全制度 Plan de sauvegarde et de mise en valeur
*40 フランス建造物監視官 Architecte des Bâtiments de France
*41 19ページの書類に記入する必要があるが、建築許可と異なり、自治体の許認可は必要でなく届出制である。
*42 本書87頁参照。

景に溶け込んだスタイルやカラーの建屋デザインを施しているからだ。建設許可が下りた時点で、工事中のプロセスについての許可申請も必要だ。工事中に公道や公共広場を使用する折には「公共空間利用許可申請書」を提出し、店舗が歩行者専用空間に位置する場合は、搬入搬出時に道路に車で侵入できるように「浮沈式ボラード」[*43]（図16）をコントロールできるアクセスカードを申請する。アルコール取り扱い店舗は「酒類取り扱い許可」も申請する。これらのプロセスは法律で定められたものだ。

2　あらゆる人にとって中心市街地を魅力的にする取り組み

タウンマネージャーという仕事

まちの景観を保護するために出店の際には様々な煩雑な手続きがあるので、行政文書などに慣れていない一般人に、自治体はきめ細かいサポートを与えている。アンジェ市役所の「商業・及び手工業課」のモード・バタイユさん（図17）が、「中心街活性化担当官」として活動されている様子をお伝えしたい。モードさんは法律学の修士号を持ち、アンジェ市に勤務する前は、別の都市圏共同体行政府で総務・財務の責任者であった。フランスでは地方公務員資格試験に合格すると地方公共団体間の移動が可能で、複数の業務を経験しながら行政官もキャリアアップできる。

図16　奥に見える広場を歩行者専用空間にするために、舗道に計六つのライジングボラードを設置している（ナンシー市）

*43　商店が歩行者専用空間に位置する場合、商店主には浮沈式ボラードを地中に埋没させるカードが支給される。通常、搬入・搬出用のトラックは歩行者専用空間に午前中にアクセスできる。アンジェ市の場合は、ボラードは夜の22時から朝の10時30分まで地中に降りている。ただし土曜

アンジェ市役所中心市街地活性化担当官へのインタビュー
「行政がフットワークを軽くして、商業起業者のネットワークをつくります」

——市街地活性化のために、自治体はどのような活動をしていますか。

　自治体が持つ先買権を行使すれば、まちなかに同類のサービス関連の窓口ショップばかりが集まることを防げます。でもこれは自治体が不動産や営業権の所有者になるわけですから、買い取った店舗に入る経営者の設定やそのフォロー業務が発生し、あまり現実的な解決策ではありません。またシャッター通りを避けるための「空き店舗税」も市場への投資家たちに冷水をかけてしまうという意味で、むやみな適用は余り好ましいとは思いません。ですからこれらの行政的な方法ではなくて、アンジェ市でお店を開きたい候補者に寄り添って、サポートする仕事の方がお役に立つのではと考えています。「市街地を魅力的にするためには、商店舗をあらゆる形で支援する必要がある」と認識した市役所が、2013年に市街地活性官のポストを設けました。

——具体的にどんな方法で、自治体のスタッフが、新しくまちで開業したいと願っている人たちに最初のコンタクトを取るのですか。

　とても簡単です。不動産業者と「看板屋」に私自身がまず挨拶に行きます。そして彼らから、新しい客に対して「市役所にサポートサービスがあるから行ってみれば」と勧めてもらいます。一方各都市に起業者をサポートする半官組織の「起業と企業委譲支援ハウス」[*44]があります。そこに入居しているコンサルタント機関ＢＧＥ[*45]が、毎週木曜日の午前中に無料で「起業のステップ」を説明するセミナーを開催しています。

日の午後だけは余りにも歩行者が多いので、歩行者専用ゾーンにある個人駐車場にパークする住民の車だけが進入できる。

＊44　ＭＣＴＥ：Maisons de la Création et de la Transmission d'Entreprises 起業と企業委譲支援ハウス　全国に存在する機関。アンジェ市があるメンヌエロワール県では、同ハウスを訪れた3分の1が、実際に起業、あるいは既存企業を引き継いで活動している。　http://www.lesmcte49.fr

＊45　ＢＧＥ：Boutique de Gestions pour Entrepreneurs 起業者のためのマネジメントブティック　起業者が必要な

図17　アンジェ市役所の商業・手工業課の職員たち。バタイユさんは奥の立っている女性。前方右手が課長で、他の女性3人は市民受付コーナーで新規店舗開業者に対応するメンバー（提供：アンジェ市役所）

情報収集で訪れたこのような機関で市役所を紹介されて、私のところに来る人もいます。大切なのは行政がフットワークを軽くして、いかに起業者に関するネットワークを構築するかです。そのためには私自身が情報を求めて至る処に行きます。

――商工会議所やＮＰＯなどですでに起業の基本知識を習うわけですが、それでは自治体はさらにどのような支援を提供するのですか。

先ほどの「看板屋さん」を例に取れば、開業に際して店の玄関先を作り直す前に「建築許可」を自治体に申請する必要があります。その行政事務手続きの説明等を提供します。市街地での駐車やイベント等についての実質的かつ総合的な情報もお伝えします。

――開業に必要なステップなどの情報を、全体的に伝えるウェブサイトはありますか。

はい、私が赴任してから新たに開設しました。パンフレットだと最新情報が入るたびにプリントし直す必要があるので、基本的には情報はすべてウェブ[*46]に載せます。行政に申請、申告しなければならない用紙のダウンロードなどすべてネットで出来ます。

――中には直接会って情報を得たい、という人もいると思いますが、起業者を受け付ける面談コーナーを設けていますか。

２０１５年９月から市役所の市民受付コーナーに、「新規商店舗開業者窓口」を設けました（図18）。来場者があると受付から係に連絡が入り、３人のスタッフのうち必ず誰かが窓口で９時から17時まで対応できる体制です。勿論この３人は窓口対応だけでなく他の業務にも関わっていますが、起業者の質問に答えられるように必要な訓練

基本的なビジネス情報（行政、財務、広報）を提供するＮＰＯ。ＷＥＢでのビジネス展開のサポートなどの個人的なケース面談は、有料サービスとなる。

＊46 出典：http://www.angers.fr/vie-pratique/vie-quotidienne/vos-droits-et-demarches/droits-et-demarches-pour-les-commercants-et-artisans/index.html

＊47 モードさん発言から。「一軒一軒のお店に舗道にスタンドを出すかどうか聞き取り、もし参加しない店舗があれば行商人に声をかけて、すべての舗道にスタンドが出るような工夫をします。お店には店先でのスタンド設置は義務づけはできませんが、舗道は公道なので『あなたのお店の前には行商人がスタンドを出しますよ』と通知します」

を受けています。様々な機関がバラバラに情報を起業者に提供するのではなく、ワンストップウィンドウを設定することが大切だと思います。「新しく商売を始める方へのアプローチ」というキーワードで、すべての情報が入手できるシステムを目指しています。

——たとえば市街地での新しい地域開発や交通機関の導入がある時などは、介入されますか。

現在、川辺の副都心計画が立ち上がっていますが、私たちはどこにどのような商店があるかという情報を把握しているし、商店経営者に対する事前協議のノウハウもあるので、市役所の他の部署に必要な情報を渡します。

——新規開店の起業者のサポート以外には、どのような活動をされていますか。

私たちの目標はいかにして人を都心に呼び込むかなので、イベント創出が大切です。たとえば7月に開催する夏物を路上スタンドに放出する「完売大セール」では、「公共空間整備課」と連携して出来るだけお祭りの雰囲気が出るように工夫します。[*47]

——行商人やマルシェでスタンドを出す小売業者を管轄する「公共空間整備課」との横のつながりは密だということですね。

はい、月に一回「商業コーディーネーション委員会」という名前で横軸でのミーティングを開催していますが、目標は情報共有につきます。定期会合に参加するのは「公共空間整備課」と、新規看板や新規店舗へ建築許可を与える「土地利用課」、障害者対策を担当する「安全施設とアクセシビリティ課」の職員です。他にも行政ではあ

図18　アンジェ市役所一般市民対応の窓口。番号のある衝立の向こう側が市役所職員との面談コーナーで、プライバシーが守られる工夫がされている。

りませんが、フランス建造物監視官[*48]を擁する建築事務所も参加します。そこで我々が必ずしも把握していない新しい出店者についての情報をシェアできますし、上手く出店へのプロセスが進んでいるかどうかフォローできます。もし営業許可や建築許可が下りない場合は、その理由などを担当者から直接聞いて起業者に説明できます。

――自治体が直接企画しているイベントは、他にはどんなものがありますか。

「冬の太陽」とネーミングした12月の大イベント、クリスマスマーケット（図19）ではコンサート、子供向けのアート系アトリエなど豊富なプログラムがあります。ただし具体的なクリスマスマーケットへの出展者の管理業務は民間業者に委託しています[*49]（図20）。

――商業・手工業課で活性化に取り組んでいらっしゃるのは、たったお二人とお聞きしましたが、予算はどのくらいですか。

二人しかいませんが、市役所のほかの課と協力してすべての活動を行っています。昨年度の活性化予算は43万ユーロ（5375万円）でしたが、ほとんどが1か月間続く「冬の太陽」イベント用で、その中でも広場に設置する観覧車や街全体の照明コストなどが大きな出費です（図21）。課予算の9%は商店街組合対応で、組合が持ってくるイベント企画に全体予算の50%を上限として補助金を出します。具体的には通りごとに行うガレージ放出セール、イベントの装飾コスト、ミュージシャンや観光プロムナード用の馬車を呼ぶためのコストなどを補助しました。我々も商店街の一軒一軒と話し合いを持つことは困難なので、いくつかの商店街組合が自治体との交流、交渉

＊48　本書117頁参照。

＊49　民間企業2A Organisationが、シャレーの店舗への貸し出しから、マーケット開催中の環境への配慮に至るまで一切の管理を行い、営業リスクも負う。同社はパリを始めとしてフランス全土で20の地方都市でのマルシェ経営を自治体から委託されている。また出店者は露天商人や行商人ばかりではなく、一般店舗も宣伝を兼ねてシャレーに参加する。
　マカロンを販売するスタンドが、タウン誌のインタビューに答えている。「アンジェでは8㎡のシャレーのレンタルに4800ユーロ（約60万円）、隣の経済人口60万都市のナント市になると6千ユーロ、パリだと2万5千ユーロ（312万円）かかります。レンタルフィーにディスプレイコストや人件費を足すと、5週間のマーケット期間中で約1万2千ユーロ（150万円）になります。これだとかなりのマカロンを販売しなければ割りに合わない。でも店舗位置がそれほど都心の恵まれた場所にないので、まずクリスマスマーケットでお店の知名度を上げて、地元の人にお店を知ってもらうことを狙って出店しています」

の代表になっています。
——中心市街地には600くらいの店舗があり、年間約500万円くらいの補助金を商店街組合が自ら企画するイベントに対してだけ与え、一店舗に対してのみ与えることはないわけですね。他にも市役所が直接企画している商店街のイベントはありますか。

商店街の道路が舞台になるという意味では、演劇祭や音楽祭もありますが、これらは文化部の管轄です。ただ店舗にもお祭りの雰囲気を出してもらうために、たとえば演劇祭の期間中はウィンドウディスプレイコンテストを催し、商店街全体の参加意識を高めます。クリスマスイベントの期間中は、アンジェ市の植物関連企業のプロモーションを行う広報部と連携して、ポインセティアを商業部にも譲ってもらい、各店舗のウィンドウに飾って街全体の一体感を出しました。各店舗にはメールで連絡をして市役所まで花鉢を取りにきてもらう必要はありますが、それでもかなりの商店が花を飾りました。イベント計画側も店舗の方もお互いにまちを盛り上げる努力をして、来訪者が多くなった結果を享受できるウィンウィンの関係だと思います。私た

図19　クリスマスイベントのカレンダーは各戸に配布される

図20　クリスマスマーケット（アンジェ市の中心広場に設置される約90軒の屋台）（提供：ALM）

図21　クリスマスの時期に市役所前広場に設置される大観覧車（提供：ALM）

ちは起業者たちに対して、アンジェ市行政の「開かれた扉」だと自分たちをとらえています。開業の時だけでなくて営業が始まってからでも、困ったことがあったり、逆に何かいいアイデアがあれば、是非市役所に寄って話をしにきてほしいとお願いしています。

楽しいまちづくりの仕掛け・文化政策

フランスの世帯予算に占める文化・レジャーの出費は８・４％で、国民の57％が一年に一度は歴史遺産建造物、35％が美術館を訪れている。[*50] また国民の66・６％が少なくとも年１回は映画館に足を運ぶ。[*51] フランス中で４万７５５５の文化施設があり、国家予算に占める文化予算は２０１６年度で１・２％。[*52] 日本では２０１５年度で０・11％である。[*53] 文化が重んじられる風土を背景にして、フランスの地方自治体の文化部にはかなりの裁量と予算が与えられており、文化予算が25％というストラスブール市のような都市もある。国が社会保険の負担金徴収・分配を一元化しており、自治体が医療予算を組む必要がなく、交通や経済政策は都市圏共同体の予算で整備、管理している。だから最小行政単位の自治体であるコミューンは文化にかなりの予算をつぎ込める。アンジェ市ではコミューン予算全体３３３億円の14％が文化・スポーツ振興に向けられている（図22）。また54億円が各種ＮＰＯへの補助金として計上されているが、そのうちの22・６％が「文化及び文化遺産」、15・４％が「スポーツとレジャー」予算だ（27・６％が社会福祉活動関係のＮＰＯに交付される）。「都市文化資本」という考え方が徹底しており、都市イ

＊50　２０１１年の数字。出典：ＩＮＳＥＥ　http://www.insee.fr/fr/themes/document.asp?ref_id=T13F065

＊51　出典：Le Monde紙　２０１５年５月６日記事。

＊52　出典：Telerama紙　２０１５年10月１日記事

＊53　出典：野村研究所発表の数字。http://www.bunka.go.jp/tokei_hakusho_shuppan/tokeichosa/pdf/h26_hokoku.pdf

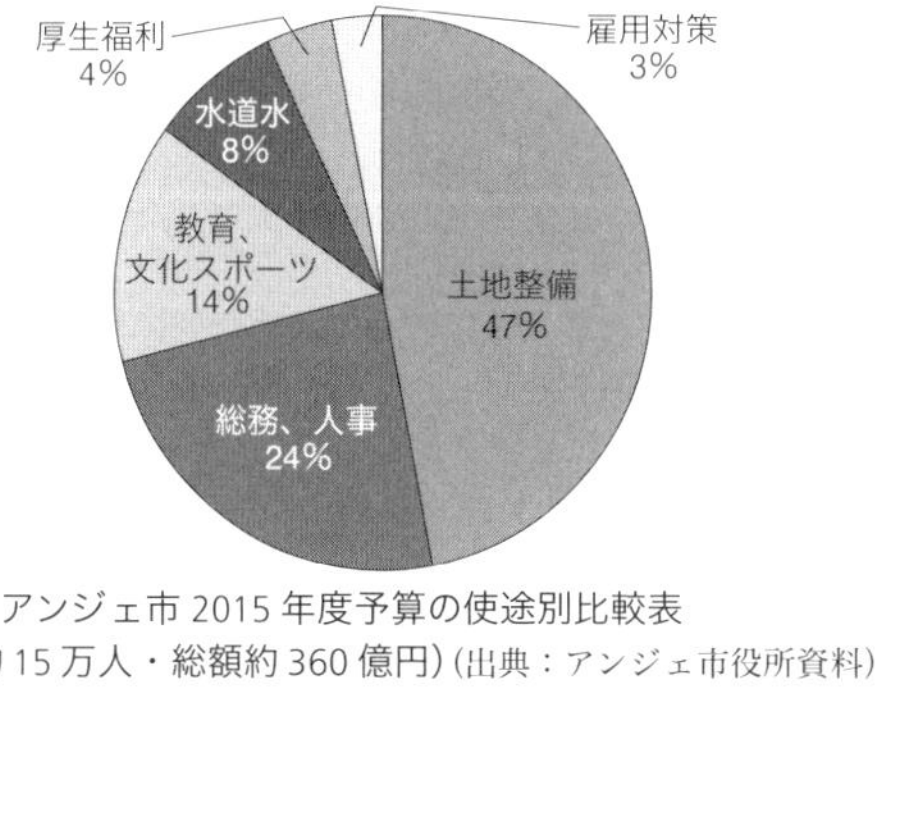

図22　アンジェ市2015年度予算の使途別比較表
（人口約15万人・総額約360億円）（出典：アンジェ市役所資料）

メージとブランドの構築には、まちなかでのクオリティの高い文化やスポーツイベントが必要という共通認識がある。優れた人材と企業を誘致するためには、文化度の低い都市では都市間競争に負けてしまう。都市文化は音楽・演劇・美術だけでなく、スポーツ・NPO活動なども含めた広義の意味で、「仕事以外の時間をどのように楽しく、有意義にかつ安価で過ごせるか」という都市のポテンシャル全体を指し、その多様性とレジャー可能度が都市の魅力度を判断する際の大きな要素になる。

日本からの視察者は、人口が50万以下の地方都市の賑わいに一様に驚く。フランスの朝は早い。8時30分には出勤で6時くらいまでには退社して、夕刻のまちは一杯飲む人たちやウィンドウショッピングする人で賑わう。7時に閉店するショップに代わるようにレストランが開くと、潮が引くように通りから人が少なくなり、夏場は10時以降から食後のカフェや散歩・映画や観劇を終えた人たちの流れで再び通りが賑わう。まちには「リズム」が感じられる。地方都市に住んでも遊ぶところがあり、年齢ごとにターゲットを絞った飲食店ではなくて、さまざまな年代の市民が憩うカフェ、バー、レストランに溢れている。だからまちに活気があり楽しい。「どうしても大都会に住みたい」という発想にはならない。フランスの地方都市が賑わっているのは、地方都市の文化が充実しているからだ。

広場の活用──生活者に近い小売形態・朝市

文化イベントの会場に頻繁に広場が利用される。どこの地方都市も Place Making に熱

図23　自治体のセンスが問われるアンジェ市中心広場の演出（2014年夏）（提供：ALM）

心で、公共空間を役所と市民のコミュニケーションや市民の交流の場に最大限利用している。とくにまちの中心広場は都市の顔として上手く演出して、季節ごとに化粧直しをする（図23）。不動産業者は賃貸物件などに「徒歩5分でマルシェ」と売り込むくらい、広場での「マルシェ（朝市）」が日常生活に溶け込んでいる。近年発達してきたハードディスカウントやE-Commerceと対極にある消費スタイルが朝市で、人口が2万人以上のコミューンで広場や道路から車を締め出してマルシェが立つ（図24）。人口が多い都市では住居区域の半径500から1千m以内にマルシェが開かれ、役所に行くと市の開催案内書を入手できる。フランス人の30％が一週間に1度はマルシェに行く。これは驚くべき数字だ。マルシェは週1回から2回開かれ、規模は20店舗から60店舗で大半が食料品スタンドである。中でも野菜・果実・魚類・牛肉類の専門業者、ローストチキンなどを販売する鶏肉専門惣菜店や豚肉加工品スタンドなどが主だ。少し規模が大きくなると衣料品店、花屋やナイフ磨ぎスタンド、椅子カバー張替えまで、ありとあらゆる店舗が出店する。生鮮食品を扱う店の約半数が地元の生産者による直売なので、販売者自らが養育している鶏、牛肉、つくりたてのチーズ、前夜に採取された野菜、果物などがふんだんに並び、季節感が濃厚だ。マルシェではより新鮮な土地のものを求めるのが大きな目標だが、りんご1個から自分の好きな量を購入できる、馴染みになればお店の人や他の買い物客との会話を楽しめることなども大きな魅力になっている。

　マルシェは自治体が完全に管理しており、出店者は市役所の「公共空間整備課」に登録して「使用料」を収める義務がある。市場では「公共空間整備課」のロゴが入ったジ

図24　自動車280台分の駐車スペースで行われる大規模な朝市マルシェ（アンジェ市）

ャンパーを着た職員の姿をよく見る。水・電気のサービスは完璧で、朝6時から午後1時までの市場開催時間が終わると、市役所の浄水車が広場を綺麗に掃除して、2時からは通常の駐車場スペースや道路として利用される。マルシェはかつての行商的な商業形態ではなく、クレジットカードでの買い物も可能だ。今ではれっきとしたビジネスの一つで、食品の衛生保存などは一般の商店と全く同じ基準が課される。また来訪者のパーキングスペース確保や店舗の後継者探しなど、一般小売業と同じ課題を抱えている。教会や市役所がある大広場でマルシェが開かれる場合が多く、住民の交流という意味からも地方都市の中心となる。アンジェ市都心のマルシェへの来訪者の75%が車で市外から来る客だという商工会議所の調査もある。それだけ消費者を引き付ける新鮮な品揃えを誇っている。大西洋まで1時間。ひしめく魚売場の海老や蟹はまだ動いているし、帆立貝は目の前で殻を開けてくれる（図25）。

クリスマスマーケットという冬の一大イベント

ヨーロッパの冬は厳しく、本来なら余り人がまちに集まらない季節であったが、クリスマスマーケットは12月の景観を変えた。フランスで一番有名なクリスマス市が開催されるストラスブールでは、2014年には268万人の観光客が300億円以上の経済効果をアルザス地方全体にもたらし、期間中は3千の季節雇用を創出したといわれている。年間のホテル稼働率は66%なのに、12月は85%で、宿泊客一人あたり一日に8125円街中で消費する。クリスマス市の最大の効果は、リピーターとしての観光客確保だ

図25　魚は目の前ですべて準備してくれる。あらかじめ包装されたものはなく、ほとんどが前夜に仕入れた新鮮な魚類（アンジェ市）

と自治体は考えている。フランスの37都市で開催されるが、パリ、アンジェ（図26）、ナント、メッス、リヨンの規模が大きい。[*54]

このように広場活用は市役所が朝市、イベントも含めてすべての管轄を行っているので、地方都市の自治体のセンスが最も問われる都市空間だと見なされている。

道路の高度利用・夏の音楽の祭典や演劇祭のストリートパフォーマンス

自治体は公共空間として広場だけでなく、道路の活用にも積極的だ。１９８２年から時の文化大臣ジャック・ラング氏のイニシアティブにより、毎年6月の夏至の日に「市民音楽の日」が開催されている（図27）。アマチュア音楽家たちがジャンルを問わずまちに出て演奏できる日だ。広場や道路にはクルマを遮断する交通迂回策が導入され、夜の11時くらいまで明るい夏至の日の宵を楽しめる。過去には余りの成功ゆえ、「音楽が夜遅くまで騒がしい」と苦情が多く、アルコール摂取で暴徒化する若者など問題が噴出した。今では「アルコール販売は夜の23時まで」などの措置が自治体によって採られ、すっかり市民のお祭りとして定着した（図28、29）。日本の夏祭りの雰囲気に似ているが、観光客対象ではなくて地元の人たちを中心としたお祭りであることが特徴といえる。国立統計経済研究所によると、フランス人の79％がこの25年間に一度は「音楽の日」イベントに参加している。この日のほとんどのコンサートが無料で、そして幅広いジャンルの音楽が提供される。どちらかといえば都会の自由業や管理職層ではなく農村部に住む人口を取り込むことに成功し、「音楽―古臭い―きどっている」というイメージが払拭

図26　アンジェ市のクリスマスマーケットのシャレーとトラム（提供：ＡＬＭ）

＊54　出典：http://www.rue89strasbourg.com　本書１２２頁及び『ストラスブールのまちづくり』１１７から１１９頁参照。

図27　広場を利用したアマチュアの野外クラシックコンサート（アンジェ市）

図28　ＬＲＴ路線の傍の音楽隊と聞き入る人たち。こんな状態でもＬＲＴを走行させ続けているのが驚きだ（アンジェ市）

図29　パリでは音楽の日は深夜中公共交通が運行される、というポスター

図30　市役所文化部が主催する9月の演劇祭「Accroche Cœur」では、すべての道路空間や広場が路上パフォーマンス会場と化す（アンジェ市）

図31　アンジェ演劇祭で、高速道路の入口道路で馬飛びを楽しむ市民（提供：ＡＬＭ）

図32　隣人祭りでは、広場や道路がそのままピクニック会場になる（提供：ＡＬＭ）

された。この「音楽の日」の成功は、夏の間フランス各地で行われる様々な「音楽祭」や「演劇祭」に、ごく普通の市民が気軽に足を運べる文化的な土壌を作ってきたといえる。

車を一時排除して、道路空間や公共スペースを各種イベントに利用する機会は、演劇祭期間における道路上のパフォーマンスや出店等、枚挙にいとまがない（図30、31）。その中でもユニークなのは毎年5月に行われる「隣人祭り」[*55]で、普段お付き合いがないお隣さんとの交流の機会として、公共スペースにテーブルを出してピクニックや夕食を共にする。フランスには日本のような地域自治会はないので、[*56]住民が自発的に企画して参加希望者だけがドリンクや軽食を持ち寄って自由に出入りできる、いわばオープン形式ビュッフェだ。１９９９年にパリで始まり、誰でもが開催主催者になれる集まりなので、正確な参加人数は把握しがたいが、２０１５年には国民の10人に１人が参加したといわれている（図32）。

道路高度利用のもっと日常的な例には、アンジェ市の大聖堂前の一般道路から車の通行を禁止して、毎月第一日曜日に開かれる骨董市（図33）がある。お城が点在する地域とあって素晴らしい銀食器やガラス細工なども披露され、訪れる人で賑わう。こういった骨董市は、フランス各地の地方都市で盛んだ。また6月の自治体主催スポーツＤＡＹでのマラソンや、スポーツＮＰＯの活動紹介イベントなども参加者が多い。このように道路や広場の高度利用の例は豊富で、すべての催しが「歩いて楽しいまちづくり」につながっており、人口15万人の自治体アンジェ市が直接企画する催しイベントも多様だ（表2）。

＊55　Fête des voisins

＊56　マンションなどの集合住宅ではオーナーが集まる管理委員会があるが、借家人は含まれない。また各地域に自治体やＮＰＯが運営する「公民館 Maison de Quartier」もあるが、その利用は住民の自由だ。一地域や住宅地の住民が全員義務的に参加しなければならない自治会や町内会は存在しない。

図33　まちのメイン道路の一つで行われる日曜骨董市（アンジェ市）

表2　アンジェ市の2016年度イベントカレンダー

月	イベント	
1月	若き才能発掘　映画祭	16から23日
2月	ロワール河ワイン祭り	1から6日
	植物見本市	16から18日
	アンジェ特産物見本市	1から16日
	雇用活性化フォーラム	26日
3月	地域女子バスケットボール大会	6日
	水泳コーチフランス大会	24から27日
	フランス—スコットランド青少年サッカー	24日
	夏の季節雇用準備フォーラム	30日
4月	オープンテニス大会	20から26日
5月	美術館の日	21日
	シンクロスイミングフランスチャンピオンシップ	17から22日
	自然の日	18から22日
	ゲイプライド	21日
	オリンピック女子バスケット選手選抜試合	26から28日
	企業間マラソン大会	27日
6月	アンジェスポーツDay	5日
	スマートシティフォーラム	9日
	県との共同主催・演劇祭	6月中旬から7月中旬まで
	自転車祭り	18、19日
	音楽の日	21日
	薔薇祭り	20から24日
	フランス陸上選手権	24から26日
	シンクロスイミングフランスジュニア選手権	6月中
	ジャーナリズム世界大会	6から10日
7月	ツールドフランス前夜祭	3日
	ツールドフランス・アンジェ通過	4日
	パリ祭　花火	13日
	野外コンサート（週2回）	7月13日から8月16日
	アンジェ・トライアスロン	23、24日
	アンジェの夏（児童向けの夏休み活動5日間プログラム、スポーツ、文化など24項目）	7月と8月
9月	ストリート演劇祭	9から11日
	世界遺産欧州の日	17、18日
	住宅・インテリア見本市	23から26日
10月	市街地店舗日曜日フェア	16日
11月	乗馬の日	11から13日
12月	クリスマスマーケット	12月中

ここに紹介したのは一般市民が参加できる代表的なイベントのみで、このほかにも業種別にプロフェッショナル向けに各種のイベントが企画される（提供：アンジェ市役所）

5章 「コンパクトシティ」を後押しする都市政策

コンパクトシティとは、「住みやすいまちづくり」の追求

公共交通を導入して都心の賑わいを取り戻した地方都市は、本当に素晴らしく美しくなった。30年前はクルマがなければどこにも行けなかった。人口がスプロール化して郊外に延び、すっかりその魅力を失っていた都心の商店街に、歩行者専用空間を整備して自転車利用を推進してきた。「環境に配慮した持続可能な生活スタイル」を目標にして、企業や商業区域の周辺に住宅を整備し、教育・医療や行政機関も集約させて特に職住近接のまちづくりに努めてきた。住居の拡散を避けようとすれば、ある程度の都市の過密化と高層化の容認につながるが、決して現在の郊外住民の都心への居住誘導がコンパクトシティの目的ではない。これから庭付きの一軒屋を求めて郊外への移動を考える若い世代、地方税や固定資産税を支払い消費活動が盛んな現役人口を都心に引き留めるために、自治体はまちなかで適切な価格で入手できる魅力的な住宅群を市民に提供する住宅政策を推進する。あわせて都心において学校・公園などを整備し、公共空間を創成してきた。快適な都市空間は万人に与えられた平等なチャンスだ。そこでどう生きるかは個人の生活観と努力による。フランスは結果の平等には日本ほどこだわらない。それよりも大学間競争や企業誘致合戦等において、いかに地域を魅力的にして人を呼び込むかの

工夫を自治体が行っている様子を紹介したい。

1　商業・交通政策と連携する都市計画

フランスの都市計画では、住宅政策だけでなく、商業振興や交通政策も統合させながら全体的なマスタープランを構築する。文書上での住宅・商業・交通政策の統合を経た上で、実際にまちづくりの現場ではどのように専門分野の異なるスタッフを協働させていくのか、計画策定・土地整備のオペレーション・建築にいたるまでのメカニズムを、順を追ってアンジェ都市圏共同体の具体的な最近の例を挙げながら紹介してゆきたい。

都市のスプロールを避けるための法整備

ヨーロッパでは欧州委員会が1990年にすでに「コンパクトシティ」に言及し、都市のスプロール現象に警鐘を鳴らしていた。フランスにおいては「コンパクトシティ」という言葉は余り使われず、「土地消費を抑制する」という表現が多い。2000年の「連帯・都市再生法」[*1]で、国が「農村や自然地帯を保存し景観を保護しながら、現代の多様な居住のニーズに応えつつ地域の経済発展を求める都市計画」文書の策定を促した。この文書が、都市計画の要となる総合戦略文書SCOT[*2]だ。しかし早くから環境保全の観点で土地利用の制限を目的としていたにもかかわらず、都市のスプロール[*3]は進んできた。たとえば人口31万人のアンジェ市生活圏で都市部周辺人口が1999年から200

＊1　本書35頁参照。
＊2　本書37頁参照。
＊3　フランス語では「都市の拡散 Etalement urbain」、あるいは「都市の郊外化 Périurbanisation」と呼ぶ。

8年の間に7万4千人も増えた。これを「農地の郊外化」と呼んでいる。ちなみにアンジェが位置するロワール地方の人口スプロールの程度は第9位で、郊外への人口分散がさらに進んでいる他地方もあり、国の危機感も察することができる。郊外新住民の93％が一軒屋に住み、その74％が持ち家だ。都心では地価や不動産価格が高くなり過ぎたので、家を求めて人々はまちから遠のく。行政コストの高騰と自然環境の破壊にもつながる。だが、フランスでも「マイホーム願望」は根強い。２００７年で57・7％、２０１３年は61％[*4]の国民が持ち家に住んでいる。「広いスペースのマイホームを持ちたい」と願う国民の気持ちに対して、いかに環境への配慮から「市街地拡散」を制限するか。これが国をあげて追求してきた都市計画の課題の一つである。

２０００年代にスプロールの歯止めに失敗したと言える国は、その対策をとるのも素早く、新たな法律を制定した。２０１０年のグルネル第2法ＥＮＥ[*5]と、２０１４年の「住宅供給と新しい都市計画法」（ＡＬＵＲ）[*6]で、農村地帯における都市機能の拡張を避ける目的も兼ねてコンパクトシティ構想をさらに明確に打ち出した。「自然スペースの乱用に制限を加え、過去10年間と比較した『郊外の宅地化率』を下げる明確な数値目標の設定」を自治体に義務付けた。同時に「商店舗とサービス業の土地利用の均衡を図り」、「生活に必要な移動距離を減少させ、地球温暖化ガス発生を極力削減して、エネルギーのパフォーマンスを改善する」という目標に沿った都市戦略をＳＣＯＴで展開するように求めた。

＊4　出典：ＩＮＳＥＥ発表数字「Logement」

＊5　ＥＮＥ：Engagement National pour L'Environnement Grenelle 2 du12 juillet 2010「グルネル2法」

＊6　ＡＬＵＲ：Accés au Logement et Urbanisme Rénové du 24 mars 2014（住宅供給・新都市計画２０１４年3月24日法）

地域発展計画の要となる総合戦略文書ＳＣＯＴとは何か

新しい法律を受けて、通勤圏・通学圏など真に経済発展のパートナーとなる54のコミューンが参加して、ＳＣＯＴの対象となるテリトリーを規定した（図1、表1）。ＳＣＯＴを策定するのは各コミューンを代表する議員や商工会議所や土地整備庁・県など多くのパートナーから成り立つ委員会で、代表は中心都市の市長が就任することが多い。２０１１年に策定されたアンジェの総合戦略文書ＳＣＯＴは２０２５年をターゲットとして三つの文書から成る（表2）。ＳＣＯＴ文書の基本路線に従って、各コミューンの都市計画が末端まで一貫性を持って策定されていく流れだ。近年の新しい法律のキーワードは「土地消費の削減」つまり「都市の高密度化」だ。具体的には約1千㎢のＳＣＯＴテリトリー内で、アンジェ市街地とすでに都市機能の拠点となっている7地区を指定して、これらの極を中心に今後の経済発展を進めてゆく。土地整備・住宅・交通・経済投資の4点セットを効率的かつ整合性を持たせて進め、拠点外の未開発地域への都市機能のスプロールを避ける。農村地帯を守り、拠点エリアで近接性の高い都市を構築し、人々が集住して社会の混合性を促進させる。また住民の無駄な移動を少なくできるように都市機能を配備して、公共交通手段を充実させる。こういったまちづくりの基本精神と処方箋が総合戦略文書

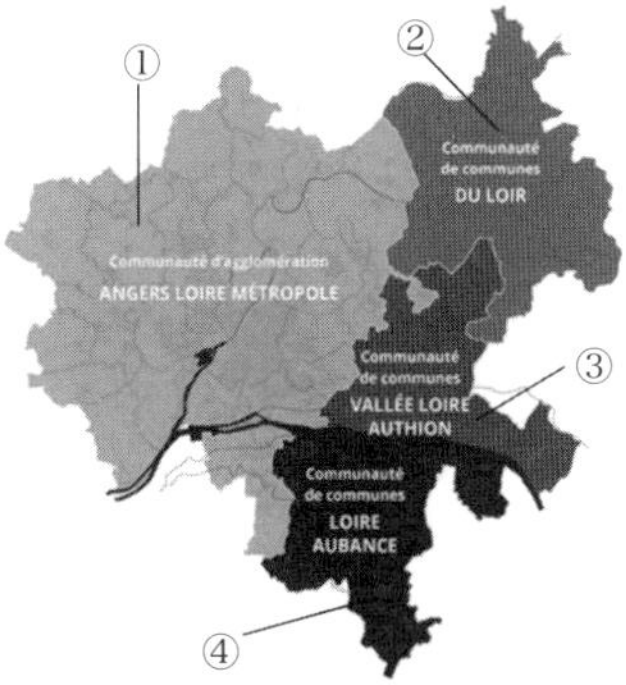

図1　アンジェを中心としたＳＣＯＴテリトリー（①の部分がアンジェ都市圏共同体の31コミューン。②、③、④はＳＣＯＴに合流した他の自治体連合で、23コミューンからなる）（出典：http://www.pole-metropolitain-loire-angers.fr/scot-amenagement/）

表1　アンジェ市、アンジェロワール都市圏共同体、SCOTエリアの比較

	面積	参加コミューンの数	人口	2016年度歳出予算
SCOTテリトリー	1027㎢	54	31万6447人	委員会のみ存在で執行予算は無い
都市圏共同体	553.04㎢	31	27万2506人	約454億円
アンジェ市	42.70㎢	1	15万125人	約333億円

出典：アンジェ都市圏共同体

SCOTで示される。

コンパクトシティ構想における交通と商業

対処案として、アンジェの総合戦略文書では交通政策を挙げる。拠点に人を集積させるなら、クルマ交通の代替手段を保障しなければならない。そのためには公共交通手段を提供して、その利用に不慣れな郊外住民へのモビリティマネジメントや障害者のための交通アクセス改善、交通結節点の工夫や、公共交通を利用すれば徒歩や自転車移動も増えるので、公共空間の整備等が必要だと細かく総合戦略文書で説明している。中心都市アンジェに半径40kmの範囲から買い物に訪れる近郊住民のために、「安くて駐車しやすいパーキング」整備も忘れていない。フランスでは交通専門家は土木の都市計画を履修している場合が多いが、都市計画専門家は必ずしも交通は履修していない。新しい地域整備企画が立ち上がる折には、都市圏共同体行政の都市計画課のエンジニアたちが、技術的なフィジービリティや交通全体のメカニズムチェックの意見を求めに交通課に来るそうだ。行政の中では少なくとも交通と都市計画の協働は完全に確立している。彼らは多能職で自治体の所帯が小さいという事情もあり、縦割りの垣根を越えた仕事を行っている。都市計画の最初から、公共交通ネットワーク、自転車専用道路やP＋Rなど、交通用途の土地が確保されている。かつては道路や都市空間の管轄が、県、都市圏共同体、小さいコミューンなどと統一されていなかったが「パークアンドライドを最も適切な土地に設置できない」「安全な交通結節地点を構築できない」などの様々な弊害につき

表2　アンジェ生活圏のSCOT総合戦略文書の内容

第1文書	地域現状の診断書 環境レポート	
第2文書	持続可能な整備・開発プロジェクトを掲げる主要文書	「地域間の整合性をもった発展のための、持続可能なプロジェクトにおける新しい開発のあり方」についての基本政策（2025年ターゲット）
第3文書	「土地利用、移動、住宅、経済発展」政策を中心とする都市計画の総合的な指針文書	基本文書で記述した政策を施行するための方法論を処方箋や推奨という形式で述べた文書 自治体が参考にできる対処書

あたった。こうした弊害を背景にしてコミューン管轄下にあった道路や都市空間を、都市計画・交通計画を策定する都市圏共同体の管轄下に移譲させる動きがある。地方都市の広域自治体連合の交通局では、「この土地の管轄はコミューンから自治体連合に譲渡されたので、新たにパークアンドライドを整備できる」と嬉しそうに語るスタッフに出会う（図2）。

総合戦略文書における商業についての哲学の源泉は、都市法典第121条1－9項に見ることができる。「都市の中心街活性化を目的として商業の優先的ロケーションを考える。商業及び手工業整備がまちの持続可能な発展に計り知れない影響を及ぼし得ることを考慮して、その配置を考える。できるだけ土地消費を控えて既存の建物を利用し、駐車スペースの取り方にも配慮して密度の高い土地利用を進める。とくに公共交通が導入され、歩行者、自転車利用者のアクセスにも配慮した拠点に商業を誘致、設置することによって、環境・建築・景観、さらにエネルギーと水の管理に配慮した整備を考える」「公共交通拠点に商業機構を集積させる」と明示されており、交通・商業・住宅を総合的に捉えながら、都市計画を確立してゆく基本姿勢を示している。

2　都市の拡散を防ぐ住宅政策

さらに広域を対象とした都市計画策定へ

フランスの行政最小単位であるコミューンごとに土地利用を決めた「土地利用計画」

図2　アンジェ市のパークアンドライド

（ＰＯＳ）[*7]が１９６７年から存在したが、１９９９年により広義の地域発展プランとして「地域都市計画」（ＰＬＵ）[*8]に改まった。ＰＬＵでは保全系と事業系のプロジェクトが統合され、土地利用・景観の保全・交通など都市空間のイメージを住民と共有し、ＰＬＵを基準として自治体が建築許可[*9]を与えるルールが確立された。２０００年代に入り、誰の目にもはっきりとまちの変化が見える公共交通の中心街への導入とともに、都市全体のアイデンティティやブランド化にどこの自治体も注意を払うようになった。ＰＬＵは現在「インターコミューン都市計画」（ＰＬＵｉ）[*10]に移行している。今までのＰＬＵとの大きな違いは2点。一つひとつのコミューンエリアだけでなく、経済を共有するより広範なエリアを対象とすること。「広域都市計画」と言ってもよい。もう一点は住居政策と交通政策の整合性を図るために、住宅供給政策（ＰＬＨ）[*11]と都市交通マスタープランＰＤＵ[*12]をＰＬＵｉに統合させた。これは、画期的といえる。住宅だけをとらえるのではなく、「都市全体の公共空間をどのように配分するか」「農村地帯の住宅への転用をこのまま認めるのか」といった、より広義の問題意識につながり、ＳＣＯＴ文書の基本哲学に従ってＰＬＵｉにも「土地消費の抑制[*13]」という概念が鮮明に打ち出された。

　アンジェが２００７年に策定したかつての住宅供給政策には、「土地消費の減少目標」は数値化されていなかった。郊外へのスプロールは実は２００８年のリーマンショック以降多少鈍化した。政府はその機を捉え、景気が回復してさらなるスプロールが加速される前に「都市の高密度化」を自治体に課した。ＰＬＵｉでは都市の住居集積や高密度化への規制はいっさい取り除かれた。かつては一軒屋に対して、「最低面積」のような土

＊7　ＰＯＳ：Plan d'Occupation des Sols（土地利用計画）。自治体が建築許可を認める際の基本となった土地利用政策。２０００年のＳＲＵ法制定以後は、徐々にＰＬＵに取って代わられた。

＊8　Plan Local d'Urbanisme（地域都市計画）

＊9　本書１１７頁参照。

＊10　本書37頁参照。

＊11　ＰＬＨ：Programme Local d'Habitat（住宅供給プログラム）。各コミューンが策定する住宅政策で6年を目安とする。ＰＬＵｉに統合される。

＊12　ＰＤＵ：Plan de Déplacement Urbain（都市交通プラン）。コミューンが集合した広域自治体連合が策定する都市交通プラン。ＰＬＵｉに統合される。

＊13　Réduire la consommation des sols

地占用率[*14]に関する条例を設定していたコミューンもあった。一軒に対する最低面積を設定することにより、入居者の社会階層を選択し、住宅地の富裕感を保持するためだ。現在ではこの「最低面積設定」も法律で禁止された。アンジェのＰＬＵｉでは、はっきりと「これから10年間で土地消費を30％減少（過去10年間の農地宅地化面積に比べて）」と記述している。

フランスには「公共施設・大型店、住宅などを公共交通拠点や沿線に立地させる」という類の明確な立地規制は存在しない。ただし、ＳＣＯＴ文書の方向性に合致しない商業、交通、住宅、経済発展計画を含む都市計画は策定が認められない。都市計画の内容と総合戦略文書との整合性チェックは、国の地方における出先機関の県が事後監督している。もしあるコミューンが「土地消費の抑制」の努力を計画に記述しない場合には、県はその自治体のＰＬＵｉには公益宣言（ＤＵＰ）を発令せず、計画と認めない。そうなるとＰＬＵｉが策定されていない自治体のテリトリーに進出する業者に、「建築許可」を与える権限は県知事に委譲されてしまう。自治体にとってＰＬＵｉは、机上の「こうあって欲しい」というお願いごとの綺麗な都市計画マスタープランではなく、自治体の発展に直接関与した最大限に重要なものである。土地利用への拘束力がある規制と将来の土地整備の明確なヴィジョンとの双方を備えた計画書だ。都市圏共同体の自立性を保持するためにも、議会と行政が協働して整合性のある都市計画策定に取り組んでいる所以だ。

一方、フランスの住宅政策は長年「社会住宅政策[*15]」であった。「連帯・都市再生法」で

＊14　ＣＯＳ：Coefficient d'occupation des sols　直訳は土地占用率。土地の建蔽率。

＊15　社会住宅：家賃が抑えられていて、ある一定の収入以下の層が入居できる公団住宅。現在フランス全土で430万戸あり、約1千万人が入居している。一般不動産家賃の高騰、単身家庭の増加、雇用が不安定なサービス業就労者の増加等の社会背景から、現在120万人の待ちリストがある。

「３５００人以上のコミューンでは新規供給住宅のうち、少なくとも社会住宅を20％供給する」という条項[*16]があり、違反自治体にはペナルティが課せられる。たとえばアルザス州の人口約５７００人のワンツオノ（Wantznau）では、社会住宅率が１・67％しかなく、13万３５８５ユーロの罰金が課税されるが、村人全体はコミューンエリア内におけるＨＬＭ[*17]（公営住宅）の建築に反対しているそうだ。別荘地からの固定資産税などで潤っている自治体の中には、ペナルティを支払ってでも、地域の高級感を損なわないために、中低所得者層が入居する社会住宅は建築しないことを選択しているコミューンもある。アンジェ市は新規住宅建設の30％が社会住宅である（図３）。ただＰＬＵｉに自治体が都市の高密度化や社会住宅供給の目標数値を表記すれば、実際にターゲットが達成されなくてもペナルティは課せられない。しかし自治体は具体的に努力している客観的な材料を示さなければならない。上述のワンツオノの場合、今後の社会住宅建築の計画さえ不在である方針が罰則の対象となっている。新しく制定される法律では、社会住宅供給の将来プランを提示しない自治体に対しては、国（あるいは執行機関としての県）が自治体を代行した社会住宅の建築が認められるようだ。

　総合戦略文書ＳＣＯＴや広域都市計画ＰＬＵｉは、同時に経済発展を期する文書なので、商行為の自由を尊重するために、店舗や商業集積地の立地に際する「土地の消費」は制限していない。だが、進出できるエリアは全体的な土地利用プランに従って規定されており、本書の４章で説明したように、商業施設進出には商業に関する都市計画委員会[*18]が与える事前許可が必要だ。郊外の土地価格が安価でも、たやすく投資できるわけで

＊16　「連帯・都市再生法」から。ＳＲＵ：loi n° 2000-1208 du 13 décembre 2000 relative à la solidarité et au renouvellement urbains : loi du 18 janvier 2013 : Le décret du 1er aout 2014

＊17　ＨＬＭ：Habitation à loyer modéré 低所得者の入居用「社会住宅」の一つで、家賃を抑えた「公営住宅」。

図３　社会住宅地域の広場のＬＲＴ電停（アンジェ市）

はない。

交通マスタープラン・住宅プランも都市計画マスタープランに統合（図4）

このように、都市交通計画ＰＤＵも住宅政策ＰＬＨもインターコミューン都市計画ＰＬＵｉに完全に統合されて、新しい方向性と実際の活動プログラムを紹介する書として一冊にまとめられる。国は先を行っていた。２００７年にすでに運輸・設備・観光・海洋・環境省を合併させて、「環境・エネルギー・持続可能な開発省」[*19]を発足させた。建設も運輸もすべて環境や開発というアングルからみてゆく姿勢がすでに明らかだ。「交通まちづくり」も当たり前になり、交通が都市計画に統合されることに誰も疑問をはさまない。交通研究所ＣＥＲＥＭＡがＰＬＵｉ作成ガイダンスを発表し、自治体がそれぞれ意匠をこらしたプランを作る。都市交通計画ＰＤＵ策定のプロセスと同じように、今ＰＬＵｉがフランスの国中を挙げて作成されている。国は方向性と哲学を示し[*20]、地方分権のもとで自治体連合が枠組みを決め、戦略的内容であるＳＣＯＴ文書を設定する。ＳＣＯＴで基本哲学を事前確認した上で、エリア内の個々の自治体が現場の裁量に基づいて都市計画ＰＬＵｉを策定するが、実現のスケジュールを盛り込み、あくまでも持続的である。ＰＬＵｉは10から15年がターゲットなので、市長や議員が交代してもまちづくりは続く。そして必ず策定の前に、診断や分析をコミューンレベルから始める。ＰＬＵｉ策定を、専門組織、都市整備庁[*21]もサポートする。都市整備庁は予算の半分は自治体連合から出資されている場合が多く、各都市に半官組織として存在し、都市の分析・診断・

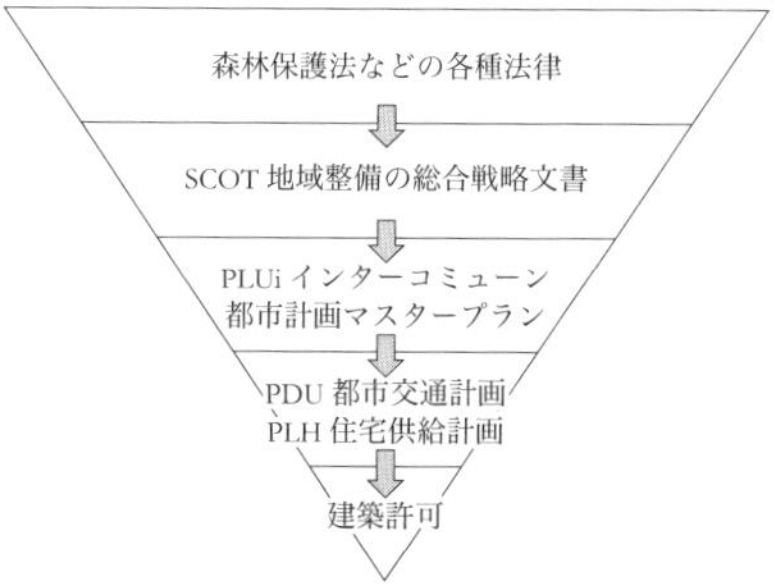

図4　都市計画文書の整合性（SCOTはあらゆる都市計画、土地整備計画の上位概念である）

＊18　本書99頁参照。

＊19　「環境・エネルギー・持続可能な開発省」は２０１６年2月から「環境、エネルギーと海洋省（Le Ministère de l'Environnement, de l'Energie et de la Mer）」と名称を変更。

＊20　「住宅・持続可能な住居省」は、自治体間の情報交換を促進するために「クラブＰＬＵｉ」を形成し法律相談を提供している。ＰＬＵｉを策定する小規模のコミューン共同体には、政府交付金に上乗せする形で補助金を供与している。

＊21　Agence de Développement et d'Urbanisme（都市計画開発庁）。各都

調査を行い、都市計画の策定を支援している。現在52都市で１５００名の都市計画専門家を擁し、調査は雇用・経済・商業と多岐にわたる。正に都市の顔を映し出すようなレポートを作成している。交通研究所や都市整備庁のように恒久的かつ一貫性のある調査を行い、全国的にネットワークがある公立のシンクタンク機関も自治体への大きな支えだ。

ＳＣＯＴ文書やＰＬＵｉ策定にかけるフランス人の労力に、美しいテリトリーを守ろうという彼らの意識を読み取ることができる。どのようにしてこの国土を次世代に伝えるのか？　ＰＬＵｉ策定を終えた広域自治体連合はまだ10％に満たないが、平均３から５年を要している。アンジェでは現在策定を終え、これから公的審査に入るが[*22]、他の都市に比べて一歩先を行っている。ＳＣＯＴやＰＬＵｉ策定は、行政や議員に大変な負担になる。実際にはどのような段取りで文書が練られてゆくのか、アンジェ都市圏共同体の住宅・都市計画担当の副議長ディミコリー氏[*23]に説明してもらった。

アンジェ都市圏共同体住宅・都市計画担当副議長へのインタビュー
「それが出来るかどうか」を問うのではなく、「どのようにしたら出来るか」を考える

——アンジェ都市圏共同体で策定されたばかりのＰＬＵｉは、どれくらいの文書ですか。

ＰＬＵｉは文書と補完書類がそれぞれ１５００ページで莫大な量（図５）です。テリトリーとテーマごとに土地利用を規定していますが、全体の整合性を持たせてあります。コミューンにおける土地利用の規制書と言ってもいいです（表３）。

——どのようにして具体的に文書を策定しましたか。

市の名前が冠に付く。本書では「土地整備庁」と訳す。その全国組織がＦＮＡＵ：Fédération Nationale des Agences d'Urbanisme（土地整備庁全国連合）。

＊22　２０１５年12月に策定終了。２０１６年度、地域を代表する公職にある人々の意見徴取、市民への告示と事前協議を経て公的審査を実施予定。公的審査委員会には３人の審査員を任命。２０１７年文書を最終的に都市圏共同体で議決・採択し、春からは現場で適用予定。すべての公益性の高い計画と同じく、ＰＬＵｉ策定も都市法典に従って合意形成のステップを踏む。本書１６０頁参照。

＊23　Daniel DIMICOLI：都市圏共同体の議長はアンジェ市長ベシュー氏 Christophe BECHU で、副議長は15人いる。

まず大きなコミューンの首長を集めてワーキンググループを発足させ、私自身が座長になりました。ここで骨太な主要路線を決めます。次に都市圏共同体のテリトリーを幾つかのセクターに分けて、コミューンの首長・議員・行政のメンバーとアーバンデザイナーを中心とするチームが土地利用計画を決めていきます。政治家たちのワーキンググループと専門家集団のアーバンデザイナーグループとの間で活発なやり取りがあり、ＰＬＵｉは我々協働部隊が作り上げた集大成です。首長のワーキンググループもただ集まるだけではなく、会合の終わりに同意に達した事項はそのたびに文書化して、デザイナーや行政に情報として伝達してきました。

――そして住宅も交通も都市計画の中に統合させたわけですね。

たとえばトラムを導入すればパークアンドライド用の土地が必要です。環境のために少しずつクルマ利用を減少させて、公共交通や自転車にシフトするのが国の目標である以上は、すべての政策が統合されて当然なのです。でも我々のテリトリーではいわゆる密度が高い住居エリアは20％しかないので、郊外に住んでいる大半の住民にはやはり車が必要です。トラム第2路線ができてパークアンドライドがもっと増えれば、車をパーキングに置いてまちに仕事に来ることが可能になります。[*24]

――これだけの文書作成には全く異なる部署間の協働が必要です。どのようにコーディネートされましたか。

わたしの部署、都市計画課に80人のスタッフがいますが、建築許可取り扱いの専門家・建築不動産管理の専門家・建築家・法律家・都市計画プランナー・グラフィック

図5　数々のＰＬＵｉ文書（アンジェ市）

＊24　アンジェ都市圏共同体では２０１６年現在、ＬＲＴ第2路線導入の計画があるが、工事着工は２０１９年の予定。

デザイナーなどすべてのコンピーテンシーが集積しています。

――今、《わたしの部署》とおっしゃいました。議員としてのあなたと、行政スタッフとの関係はどのようなものですか。

政治家としての私のミッションは、まちづくりの哲学を行政に伝えることだと思っています。たとえば土地の高密度化利用を例に取ると、それは大切だけれども、現実をみて市民の要求に答えられる文書を策定してゆくことも政治家の務めです。少し都心を離れれば、「環境への配慮を怠らずに」という条件付きで、ある程度土地消費を認める。「発展の中に整合性を求める」とでも言いましょうか。そのバランスを考えるのが政治家です。行政スタッフである都市計画課のメンバーと、週2回ミーティングを行います。私は方向性を伝え、かれらはその才能を実現化のための処方箋に生かせます。勿論、私の言う方向性とは市長と他の議員たちとの合意の

表3　アンジェ都市圏共同体の都市計画マスタープラン PLUi の文書内容

分類	テーマ	内容
プレゼンテーション	環境調査	土地利用の現状
		農村地帯における宅地化の現状
	現状診断	経済、住宅、交通、商業
	PLUiがもたらす環境へのインパクト評価	
持続可能な発展と土地整備プロジェクト	地域発展の方向性と哲学	
プログラムの方向性とアクション	移動と交通	
	住宅政策	
土地整備と実現化の方向性	移動と交通	
	住宅政策	
	土地整備	地域別（開発拠点、歴史観光拠点、将来の整備拠点の3部）
規制文書	土地利用の規則書	主要規制措置と補完措置
	地勢上の規制	ゾーニング（都市開発整備区、調整区、農村、自然区域）と補完書類
		高さ制限
補完書類	他の法律との整合性	歴史的建造物
		浸水対策
		騒音対策など
	他の指定地区との整合性	指定工業整備地域など
	保健衛生との整合性	下水ゾーン、廃棄物処理

結果です。

土地消費の削減と都市の高密度化、現実との折り合い

——過去10年間の土地消費に比べて、これから10年では30％宅地の郊外化を減らすことが目標だと聞きましたが。

確かに、法律は我々に「高密度化」を求めました。でも景気が後退している中、建設業者に将来の展望を供給するためにも、「これからも建築する」というビジョンを示す必要があります。具体例を挙げますと、郊外の新規開発区域でいくら高密度化が求められるといっても、市民の庭付きマイホームの願望は変わらないので、集合住宅だけでなく社会援助購入住宅[*25]も含めて一戸建て建設も可能なように設計しています（図６）。

——法律の求める「高密度化」と市民の求める「一戸建て」の姿とのすり合わせですね。

低所得者向けの賃貸マンションや社会住宅の建設を進めることで、建設業界にも最低限の仕事が見込めるとアピールしていると。

これらはあくまでも目標値です。もしかしたら達成できないかもしれない。それでも目標はきちんと明文化する必要があります。市内の新築マンションの1㎡あたりの価格は現在２５００から４２００ユーロで、80％の市民にとっては市内でのマイホーム購入は無理です。全体予算18万ユーロ（約２２５０万円）を超えると若い世代には住宅購入は難しくなります[*26]。だから政権が、できるだけまちなかに近接した土地に適切な価格で住宅を供給する必要があります。経済発展のためには土地消費は避けられな

図６　新住宅開発区域のトラム沿線のカフェ（アンジェ市）

＊25　Logement à accession sociale（社会援助購入住宅）。低所得者が低利子ローンで購入できる公団住宅。また低所得者を対象に低家賃で貸す不動産を、Locatif social「社会賃貸」と呼ぶ。

＊26　１９７３年には25歳から44歳のフランス人の34％がマイホームを購入したが、２０１３年には19％まで低

いので、私は消費という表現ではなくて「土地利用の管理」と言いたい。たとえば工業団地を誘致する際には、商業を守るために団地にはカフェやレストランの進出は認めても、一般小売店舗は認めません。一方実際の小売行為はないインテリアショールームは認めました。商業については、すでに進出している大型店舗の新規拡張と新設はストップすることにしました。このように全体のバランスを取るようにしています。[*27]

――市民の意見はどのように反映されますか。

市長は月1回、丸一日かけて各地区で視察して、商店や市民と直接出会う機会を作り、夜は各地域の「地区委員会」[*28]で、まちづくりに関心の高い市民と情報交換や討論を行っています。策定されたＰＬＵｉはこれから合意形成で広く市民との事前協議に入ります。ただし市民から意見があったからといって、それをすぐに採用するという意味ではありません。我々にとって本当に大変だったのは、このＰＬＵｉ策定中にも四つの異なる法律の制定・改定があり、重複・背反するところが多く、その複雑性の理解が難しかったことです。だから我々は法務専門家と密接に協力しながら作業しています。私は法律ばかりに振り回されたくない。「こういうふうにまちを持っていきたい」というヴィジョンがあれば、「それができるかどうか」と問うのではなく、「どのようにしたら出来るか」を考えます。法律とは我々の行く道を照らす灯台であるべきで、我々の行く道を塞いではいけないのです。実際、行政はいつも、道をみつけてくれました。

下。同じく２０１３年、25歳から44歳の66％が住居の所有者だが、大半は遺産相続などで入手している。購入、相続を合わせて住居地の所有者になる平均年齢は37歳。

＊27　２００４年にアンジェ都市圏共同体では、「商業施設整備憲章」を地方条例として採択した。条例ではそれぞれの商業集積地に役割を割り当て、中心市街地の近接商店と郊外の大型店舗との差別化をより一層鮮明化させている。対立ではなく、共存、補完性の関係をめざしている。

＊28　Conseil de quartier（地区委員会）。自治体が設定する委員会。地区の住民が市長、議員や自治体職員と共に地区開発プランの方向性などを話し合う。市長と市民の会合については本書１８８頁参照。

鍵は建築許可

――ペナルティがない都市計画をどのようにして遵守させるのですか。

建築許可というのはある意味では、事業者にとって強力なペナルティです。我々の方向性に合わない事業には許可を与えません。許可が下りなければ計画はストップします。だから都市計画のルールは適用されています。

――では建築許可を与える自治体の権限は大きいですね。

小さなコミューンでは国（この場合県）が建築許可を与えていましたが、国から地方公共団体への権限譲渡によって2015年からはアンジェ都市圏共同体が認可権をもつことになりました。ただし最終的に建設許可を決定し、業者に与えるのはどんな小さなコミューンでも首長です。我々は必ずしも調査機構が整っていないコミューンに代わって、申請案件が都市計画に準じているかどうかを審査して、結果を首長に伝えます。「この建築許可承認は難しい」と判断した場合には、行政が直接首長に審査結果を伝えるのではなくて、都市圏共同体副議長の私のところにまず相談があります。このあたりは行政と、選挙で選ばれた議員たちとの連携が上手くいっています。

――土地整備において、先買権を行使される機会は多いですか。

先買権が設定された地区の不動産の取引に関するすべての申請書が、不動産業者、あるいは公証人を通じてコミューンに届きます。そこでコミューンが先買権を行使するかどうかは、都市計画プランに基づいてそれぞれのコミューンの意図で決まります。小さいコミューンは、財政的に余裕があるアンジェ都市圏共同体に土地や不動産の購入を依頼して、都市圏共同体が「不動産の一時的保有者」になります。物件の保有期間は10年で、都市圏共同体はコミューンに利子を課します。こういった方法で小さな所帯のコミューンでも、自分たちの都市計画プランに必要な土地の購入が可能になるのです。

――都市計画に商業・住宅・交通のすべての要素を組み入れるというのは理想ではあっても、行政の現場では簡単には実現しないと思うのですが。

だからこそ、ＰＬＵｉ策定のワーキンググループには、経済と交通担当の副議長達も参加します。ＰＬＵｉは一旦議会で議決されたら、「規則書」になります。変更や追加はもたらすことができますが、ＰＬＵｉの有効期間２０２７年まではＰＬＵｉに適わない計画は実現できないのです。

――商業、交通、経済を都市計画に統合させることは国の方針ですが、行政はどう受け入れたのでしょう。

行政は「一つの都市計画の規則書の中に交通や住宅すべての要素を統合しないと、上手く稼動しない」という事実に気づいていました。自動車利用を減らしたい、と言っても全体的な取り組みがないと何も実現しないのです。市民の方からも「発展と環境のバランスを保つ」必要性の要求がありました。環境に悪いものはすべて止めるということではありませんが、環境保全に対する意識の高まりは無視できません。ＰＬＵｉは規則書である前に地域全体の発展と整備のヴィジョンで、その中にはすべての要素が統合されている欠かせない指針なのです。

図7　副議長ディミコリー氏（提供：本人）

――最後になぜディミコリーさんは議員に立候補されたのか、教えてください。

私は現役時代、20年間の建築事業を通して地域に貢献してきたと自負しています。このまちの都市計画や地域の政治に常に興味を持ってきました。アンジェは住みやすいまちですが、努力しないと前に進む動きが鈍化してしまうようです。１９９５年から２００１年まで地域の議員を務めましたが、その後は本業が忙しかったのと政権交代で一旦政治から遠ざかりました。２００８年に年金生活に入り、２０１４年の選挙の折に今の市長から「都市計画が分かる君にＰＬＵｉ策定に関わってほしい」と依頼されて立候補しました。就任後、都市圏共同体のコミューンのすべての首長に会いに行き、それぞれの土地の診断を行いました。政治カラーが異なっても、選挙で選ばれた首長を尊敬して仕事を進めてきました。政治的には立場が異なる議員もいますが、２０１５年末には共同体を構成するコミューン代表者全員の拍手を受けて、ＰＬＵｉ素案が議決・採択されました。これは中々ないことで嬉しかったです。今まではどちらかというと大きな共同体政府が小さなコミューンに君臨する形でしたが、私は小さなコミューンからまず活動を始めました。

――今日は議員としての使命感をもたれた副議長が、いかに行政と協働されてきたのか、直接のお声を聞くことができました。柔軟な姿勢で現実と折り合いをつけながらも、地方条例としての広域都市計画ＰＬＵｉをまとめられる議員の皆さんの前向きの姿勢に、大変感銘を受けました。ありがとうございました。

3　住宅開発の実際

さて、策定された都市計画に従って、具体的にどのように土地整備、開発が進むのだろうか？　フランスの大規模な都市開発プロジェクトでは、協議整備区域[*29]を設定するのが主流だ。自治体が特定地区を限定し、対象となる土地を購入し（公有地の利用も多い）インフラ基盤整備を行った後に、民間の開発事業者に土地を譲渡する手法だ。公共団体が混合経済会社[*30]を設立して土地整備を担当する。整備後、混合経済会社が上手く民間デベロッパーへの土地販売に成功しない場合は、赤字分は公共団体に返ってくるので、採算性のある企画立案が公共団体にも求められる。アンジェ協議整備地域の中でも大規模な企画が１６７ha対象の「マイエンヌ地区」[*31]で、そのうち70haが住居用だ。２０３０年には４５００戸の住居を供給し1万人の人口増加を期している。現在まで９００戸が完成し、入居が進んでいる。これらの住宅開発を進めているソデメル機構ＳＯＤＥＭＥＬ[*32]は混合経済会社で、48名が土地開発業務にあたっている。オペレーション業務を担当しているロジェー氏[*33]（図８）に、行政との関わり方や現場での土地整備のあり方やデベロッパーとの関係などを説明してもらった。

＊29　ＺＡＣ：zone d'aménagement concerté（協議整備区域）

＊30　ＳＥＭ：Société Economie Mixte locale（混合経済会社）。地方の公役務を行うために設立される半官半民の会社。

＊31　Plateau Mayennne　このマイエンヌ地区はアンジェ市北に隣接するアヴリエという小さなコミューンのテリトリー。自治体人口1万１０００人と照らし合わせると、いかにこの住宅計画が地元にとって大切かが分かる。

＊32　ＳＯＤＥＭＥＬ：Société d'Equipement du Département de Maine et Loire（ソデメル機構）。県が50％出資しているＳＥＭ。他にもアンジェロワール都市圏共同体やアンジェ市が出資主体のＳＥＭでＳＡＲＡＨ機構がある。２０１６年7月からこの２社はＡＬＴＥＲ機構という新しいＳＥＭに統合される。ＳＯＤＥＭＥＬのウェブサイトでは、開発地区の入居状況や商店の開店状況などを、刻々と写真付で開示している。http://www. sodemel. fr/ecoquartiers/actualites-projet-plateau-de-la-mayenne-14. html

＊33　Didier ROGER

ソデメル機構担当者へのインタビュー

フランス流第3セクター・住宅開発公社のしくみ

――トラム沿線に素晴らしいマンションがどんどん建設されていますが（図9）、土地整備を担当しているソデメル機構について教えてください。

ソデメル機構は、県・アンジェロワール都市圏共同体・アンジェ市・アヴリエ市が出資している経済混合会社で、我々は公共団体から委託を受けて土地整備を行います。電気や水などの基本的なインフラを整備した上で、その土地を民間デベロッパーやあるいは社会住宅の建設業者や一戸建てを建設する個人に譲渡する機関です。ソデメル機構の理事会会長はアンジェ市長のベシュー氏ですが、会社は法的には民間企業なので我々は地方公務員ではありません。

――インフラ整備をされる前に、道路デザイン、住宅や公共施設、商業施設など配置の全体プランをデザインするアーバニストはどのように選出されますか。

具体的にこのマイエンヌ地区では約50の応募があり、書類上の選抜で4から5件に絞りました。それから対象地区の議員やソデメル機構のＣＥＯで構成する審査委員会で、マスターアーバニストを決定します。

――選考の際に、皆さんが大切になさっている基準を教えてください。

実際の図面を提出してもらっての審査はしません。まずアーバニストがどんなふうに「このまちを見ているか」を知りたい。そして我々が提示した哲学に沿ってまちづくりを実現するためには「何が大切で、どんなことが都市整備を進めてゆく上で問題

図8　ＳＯＤＥＭＥＬ機構の建物エントランスに設置された、都市開発模型を前にしたロジェー氏

になり得るか」という考えを説明してもらいます。

——具体的な線引きや図面なしで、抽象的なコンセプトをベースに決定されるのですか。

アーバニストが示すまちづくりのコンセプトへの評価が、選抜基準の60%を占めると言ってもいいでしょう。あとの基準はアーバニストが提案するコストです。アーバニストは景観デザイナーなどの専門家たちとチームを形成して仕事にあたりますので、その全体予算を提示してもらいます。

——住宅建築は、整備が終わった土地を購入した民間デベロッパーが行うわけですね。

はい、しかしアーバニストが設定した全体都市デザインの仕様書を建築家には遵守してもらいます。民間デベロッパーが採用した建築家が、何でも建築できるというわけではありません。アーバニストが建築家を指名する場合もあります。こうして地域全体の景観や建造物に統一感を持たせています。

——住宅もすべてが民間自由市場向けではないようですが。

マイエンヌ地区では一戸建ては現在建設しておらず、すべて集合住宅のマンションです。賃貸用の社会住宅と、購入ローンを組む時に国の補助がつく分譲社会住宅が25%づつあり、残りの50%が一般不動産マーケット用で、こういった割合も計画主体の公共団体が決めます。この50%の一般市場のうち、70%が投資目的で購入されており、そこには借家人が入ります。残りの30%はオーナー住人で、ほとんどがシニア世代の人たちです。

——ここは緑にあふれトラムが通って市民病院まで10分、都心まで20分と大変便利な地

図9　マイエンヌ地区の鳥瞰図。中央のLRT沿線で住宅開発が進む（提供：SODEMEL）

区ですが、どのような人が入居していますか。

若い世代は都心に住んでいた人が大半です。シニア世代は郊外に大きな庭付きの家に住んでいた人たちが、都心に近づくために持ち家を売却して、トラム沿線の新しいマンションを購入というケースです。

――このトラム沿線にまだ古い家並みも残っていますが、土地整備の際に私有地の没収はされましたか（図10）。

沿線によっては私有地没収の必要がありましたが、95％が円満解決しています。没収地に借家人がいる場合は、必ず代わりの借家を2軒紹介する必要があり、転居猶予として6か月与えます。土地所有者との交渉は財務省の県出先機関の固定資産税課に問い合わせて、地元の不動産価格も参考にして地価を決定します。私有地を没収するためには、都市開発計画に対する公益宣言[*34]が県から発令されていることが条件です。公益宣言が発令された開発では、事業主体である我々に土地の先買権が認められます。デベロッパーは開発対象地域の土地買い占めはできませんので、開発を見越した地価の高騰もありません。地権者もよくそのメカニズムは分かっているので、沿線の一戸建ての住民などはまず役所に買い取りの相談に来るくらいです。

――最後に、第三セクターでは何が皆さんのパフォーマンスのモティベーションになっていますか。

我々は財務諸表を自治体に報告し、バランスシートには赤字が出ないように当然の努力を行っています。私はソデメル機構で25年間働いていますが、少しでも人々にと

図10　従来からの家屋と、開発が進む集合住宅群が混在するＬＲＴ芝生軌道沿線（アヴリエ市）

*34　DUP：Déclaration d'Utilité Publique　公益宣言　本書161頁参照。

って美しい住宅地区を実現してゆく、この公益性の高い仕事に誇りを持っています。公共工事の整備者として建築した住宅が後の世に残る。私にとってはただの仕事ではなくて、社会に貢献できる一つの使命と受け止めています。「役所が赤字補填を行うので我々には経営や営業努力が欠ける」など、考えたこともありません。勿論すべてが売れ行きの良い素晴らしい住宅計画ばかりだとは言いません。たとえばマイエンヌ地区では小さな集合住宅ごとにテラスや中庭を設けました。南のカプサン[*35]（図11）地区では集合住宅を一か所に集中させ、グリーンベルトは住宅群全体に対する公園として配置したところ、「自分の庭」感が薄くなり、余り評価されませんでした。こういった課題も政策主体である自治体やマスターアーバニストなどと検討しながら、教訓を次の企画に活かすための協議を続けていきます。投資されたすべてのお金は、いずれ税金というかたちで我々住民全体に跳ね返ってきます。公共計画だからこそ、持続性のある住宅政策が必要なのです。

4　マスターアーバニストの役割

フランスの都市計画の上位段階では、土地開発の主要テーマやコンセプトは公共団体が設定し、具体的な地域整備や建造物の提案は応札者が考え抜く。土木専門家を中心とするチームが道路、住宅、公共施設、商業施設の配置などの都市デザインの骨格を考える。この土地整備の基本プランを計画するマスターアーバニスト（都市計画デザイナー

図11　カプサン地区の新しい住宅群（アンジェ市）

＊35　Capucins　この地域ではすでに1700戸くらいが建設済み。2015年に新しいマスターアーバニストが任命され、今後2800戸の開発計画を見直し中。本書166頁。

とも呼ぶ）が、域内の個々の建造物を担当する建築家や景観デザイナーを選定する仕組みだ。インタビューしたマイエンヌ整備地区のマスターアーバニスト、コーレンボーム氏[*36]（図12）は、パリで建築の学問を修め、アンジェ市で建築事務所を構えている。2000年に県が、当時の飛行場敷地の再整備計画の入札を行った。アメリカ人建築家が提案したアトラクションパーク構想などもあったが、周囲の環境や景観をとらえていなかった。コーレンボーム氏は植物園開発を提案して応札以来、この地域整備に関与している。当時は飛行場周辺は空き地であったが、現在はトラムA線が走り、住宅開発が進む（図13）。

マスターアーバニストへのインタビュー
「情報の統合化」と「多層化した集団のマネジメント」がマスターアーバニストの仕事

――アーバニストを中心とした都市計画応札のプロセスを教えてください。

3人から5人のチームが普通です。都市計画の入札では案件にもよりますが、10件くらいのチームが書類選考にかけられ、だいたい3から5候補に絞られます。事業主が発表する事業仕様書に従って、図面を描くプロポジションはこの段階からです。そして審査委員会が最終選考をします。

――アーバニストのチーム構成は。

事業内容にもよりますが、土木技師・建築家・景観デザイナー・道路建設の専門家・環境問題専門家・コンサルタントなど、異なるコンピーテンシーを持つ専門家の

＊36　Roland KORENBAUM

図12　自らがデザイン、建築したマンションを背景にするマスターアーバニスト、コーレンボーム氏（アンジェ市）

集合体です。全体的なコンセプトをまとめる代表者が入札書類の責任者となります。

——アーバニストという職種はないのですか。

アーバニズムは事業計画のスケールにもよりますが、「まちをオーガナイズする方法」ともいえます。アーバニズムの概念は19世紀のバルセロナからきたものですが、都市が抱える社会問題に正面から向き合う姿勢が要求されます。経済的なファクターを考慮に入れ、整備の中心をどこに置くかを考え、地域政治にも働きかけます。文化的・社会的なヴィジョンでまちづくりのコンセプトを考え、建築家は具体的なプランを描くというチームにおいては、文科系の専門家でもチーフになれます。都市計画では道路や家の建設という具体的なフェーズに必ずたどりつきますので、建築家はいつも必要です。一般的に大きな都市計画では「空間的なヴィジョン」を持つ建築家がチームリーダーになります。

——アーバニストはいつも同じチームメンバーを抱えているわけですか。

いいえ、チームは恒常的なものではなく、それぞれが担当する業務に従ってリーダーに請求書を出す形態がほとんどです。各専門家が担当する職務範囲が明確で、仕事内容の責任分担もはっきりとしています。各自が独立したスペシャリストとして活動しています。

——いつからアーバニスト・チームでの応札が都市開発で主流になったのでしょうか。

フランスは中央集権国家です。今では管轄省の多くの権限が地方公共団体に譲渡されてきましたが、１９８２年の地方分権法制定までは、国や県、あるいは地方都市に

図13　かつての飛行場を整備した植物園。周囲にはまだ多くの自然ゾーンが残っている（アンジェ市）（提供：ＡＬＭ）

ある国の出先機関などが、伝統的におおまかな土地整備のグランドデッサンや基本哲学を決め、それを受けて地方自治体は細かいプランを立ててきました。大局をとらえてコンセプトを打ち出してから具体的な開発に取りかかるプロセスに、専門家集団である業界も建築家たちも適応してきたともいえます。その結果として、建物や道路などの一部分だけをとらえた開発でなく、地域全体を視野に入れた土地整備・開発が主流になりました。

――国土整備が地方分権化されて、各地域の都市計画策定、及び施行主体が育ってきたわけですね。フランスで現在実施される土地整備事業の事業主体の3分の2は、地方公共団体だと聞いています。

「いかに都市を創るか」はローマ時代から続く永遠の問いかけです。確かに近代になり、まちづくりへ介在者が多くなり益々複雑になってきました。昔は建築家と景観デザイナーくらいでチームを構成できましたが、今では交通専門家からエコロジストまでチームに入ります。どのように交錯する情報を統合していくかという「情報の統合化」と、「多層化した集団のマネジメント」が、我々の業界のキーワードになりつつあります。

恒久的に続くアーバニストの責務

――計画が採択され、ソデメル機構がアーバニストのプランに従いインフラ整備を終えます。それから、個々のプロモーター、社会住宅建築業者や個人に土地を譲渡するわけですね。

個々のプロモーターに自治体が建築許可を与えるプロセスで、必ずアーバニストの私の意見が求められます。全体のコンセプトに合わない建築デザインは採用されない仕組みで、こうしてエリアとして調和の取れた開発が出来ます。多分そこが建築家とアーバニストの違いで、この土地開発が続く限り、私の仕事も続くのです。長いスパンの時間軸で仕事に関わることが要求されます。実は今日もソデメル機構で、これから建設されるマンション群のデザインの確認に来ました。植物園を中心にしているここの地域開発のテーマは緑の確保です。マンション群の「グリーンスペースに向かって開いた空間」がコンセプトの一つで、そのデザインを守ってもらいます(図14)。

——トラム工事との連携はありましたか?

たとえば交通政策部はＬＲＴ路線のすぐ近くにパークアンドライドの建設を望んでいましたが、全体のコンセプトに合わないので、もう少し路線から離

図14　環境を意識して、それぞれのマンションの中庭に家庭用菜園のスペースと子供の遊び場、自転車駐輪場が設けられている(アンジェ市)

図15　トラム沿線から少し離れた位置に整備されたＰ＋Ｒの立体駐車場(アンジェ市)

れた位置に、マンションの建物の中に上手く溶け込む感じで、立体駐車場を建設しました（図15）。

——アーバニストが、開発地域の建造物の建設をするケースはありますか。

　民間デベロッパーが購入した土地に建てるマンションなどの建設請け負いは可能です。しかし公共団体が購入した土地での建設業務は、利害の衝突になりますので請け負うことはできません。

　フランスの都市計画のメカニズムをみていると、「決断する政治、計画を策定する議員と行政、計画を実行する現場」の流れが良くわかる（図16）。国の制度や補助金を理解し、行政の都市計画や交通計画を建築家や運輸事業体と結び、道路管理者などとの調整を行い、コーディーネートできる機関（公社が多い）と人材（民と官を行き来する人材が多い）が用意されている。土木政策を実現するために、どんな制度が必要かが十分に考えつくされており、土木研究の行政や政治へのアウトリーチの道筋もある。建設業者が地域の政治家になったり、教授が行政で辣腕をふるったりと、異業種の人材交流が盛んな背景も、都市計画遂行のよどみない流れの形成に貢献しているのかもしれない。

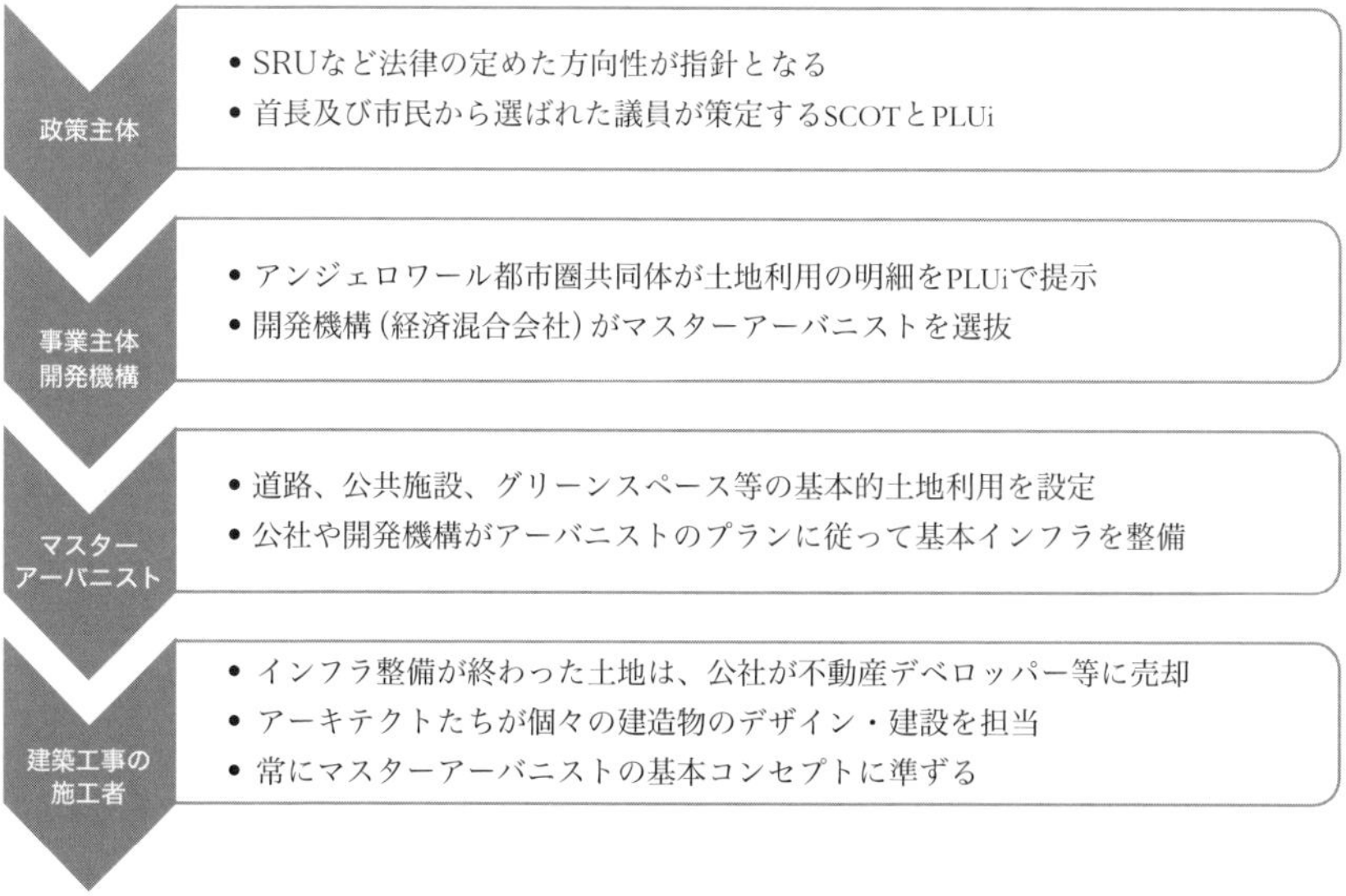

政策主体	・SRUなど法律の定めた方向性が指針となる ・首長及び市民から選ばれた議員が策定するSCOTとPLUi
事業主体 開発機構	・アンジェロワール都市圏共同体が土地利用の明細をPLUiで提示 ・開発機構(経済混合会社)がマスターアーバニストを選抜
マスター アーバニスト	・道路、公共施設、グリーンスペース等の基本的土地利用を設定 ・公社や開発機構がアーバニストのプランに従って基本インフラを整備
建築工事の 施工者	・インフラ整備が終わった土地は、公社が不動産デベロッパー等に売却 ・アーキテクトたちが個々の建造物のデザイン・建設を担当 ・常にマスターアーバニストの基本コンセプトに準ずる

図16　都市計画の流れ

6章　社会で合意したことを実現する政治

1　自治体の広報戦略と市民参加・合意形成

キーワードは「徹底した情報開示」と「市民との対話」

国が方向性を提示して自治体がイニシアティブを取り、交通、商業、住宅を包括した都市計画を策定、経済混合会社や民間企業にインフラ整備を委託して実際の開発事業をすすめてゆく経緯をみてきた。民意は、まちづくりや都市交通計画のどの過程でどのように反映されているのだろうか（図1）。

自治体予算の中で大きなウェイトを占める都市交通政策を例にとって説明したい。計画のイニシアティブ、政策主体はあくまでも市長と地域議員たちである。一般市民に対する合意形成に入る前に、政治家と自治体行政との間で計画の根本となる哲学と基本的方向性の相互確認作業があり、警察、地域の議員など公法人に対する意見徴取や調整もこの段階で行われる。ＬＲＴやＢＲＴ導入などの大型工事は道路管理・街路、駐車場や公共空間の整備・広報・財務、法務などを含み、役所全体で取り組む必要があり、「ＬＲＴ導入は自治体の総力戦」とまで言われている。行政内でインフラ整備、入札、予算

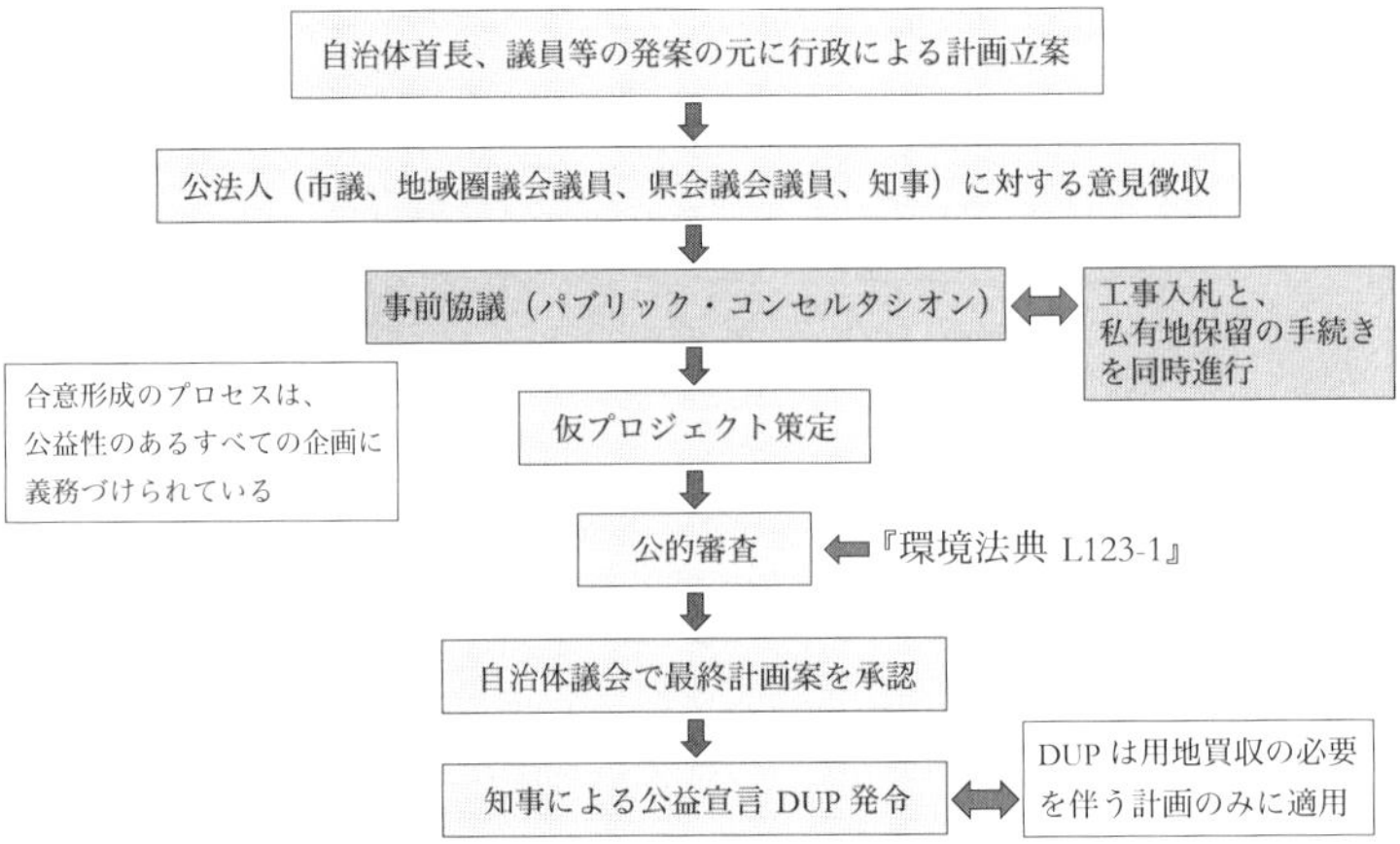

図1　合意形成のプロセス（都市計画法典 L300-2 による）
（『ストラスブールのまちづくり』で詳細に紹介しているので是非ご参考にしていただきたい）

案、工事中の交通管理、広報などの徹底した検討を経て路線、電停位置や料金体系などの具体的な計画案が整えられた時点で、市民対象の合意形成に入る。事前協議の実施は法律で義務付けられているが、その活動内容はそれぞれの自治体の裁量に任されている。

合意形成のキーワードは「徹底した情報開示」と「市民との対話」だ。行政側から市民への計画内容の開示の機会としてオープンハウス、公聴会、ワークショップなどが地域ごとにこまめに開催され、双方向のコミュニケーションが奨励される。市民のあらゆる角度からの質問に答えるのは、地域選出の議員と行政職員だ。市民からの意見を取り入れて計画に微調整が入る場合もあるが、事前協議のすべての経緯は個々の発言者の氏名と内容も含めて行政が報告書としてまとめ議会に提出する。だから市民も発言内容に責任を持つ。議会で「事前協議プロセスが十分行われた」と承認されると、次のステップの公的審査に入る。役所が主催する事前協議のワークショップと異なり、公的審査は行政裁判所が任命する専門家で構成した委員会が主導する一連の審査過程で、公益性の高い計画の合法性などをチェックする。新たに住民公聴会も開催され、計画の詳細な資料閲覧、意見書記入、質疑応答、意見交換がさらに活発に行われる。委員会は計画の環境調査や経済的社会的インパクトの研究、他の都市計画との整合性の確認なども合わせて行う。事前協議と公的審査の過程で作成される報告書は膨大な頁に及ぶ。議会は公的審査報告書と計画を承認して、国を代表する県知事に「ＤＵＰ（公益宣言）」を申請する。公益宣言は、公益事業実現を目的とした私有地没収が可能になる政令で、宣言が発令されると工事を開始できる。一般市民にとっては事前協議も公的審査も、自分たちに関係

図2　アンジェ市・メンヌ河畔整備プロジェクト（提供：ＳＡＲＡ）

する計画について考える場であることに変わりはない。私有地没収が必要でなくＤＵＰを伴わない小規模な計画に対しては、この二つのステップを合わせて合意形成の集会を企画している行政もみられる。

計画上流段階での市民の参加と理解

市民への情報が開示されるパブリックコンセルタシオンと呼ばれる事前協議の段階では、すでに都市計画や交通計画の大筋は設定されていて、市民の声が反映される範囲は限られている。そこで計画の立案が行政内で行われる前のさらに上流段階で、住民がたとえば土地開発にどのようなコンセプトや機能を期待しているかを、首長・地区選出の議員・行政職員が聞き取れる場を設定する動きも見られる。たとえば、アンジェ市は現在市街地の中心のメンヌ河畔区域整備プロジェクト（図２）を企画中で、まちづくりのコンセプトを問う集いを現在進行中だ。２０１５年度にすでに計画内容を公表する第１回の事前協議を実施したが、２０１６年３月には「公共空間の将来のあり方を考える協力型アトリエ」を開催した（図３）。同計画では私有地没収がないので、公益宣言を取得するための事前協議や公的審査の厳格なステップは行政に義務付けられていない。だが、計画を遂行する経済混合会社ＳＡＲＡ[＊1]（２０１６年７月からはＡＬＴＥＲ機構）がイニシアティブをとり、市民の参加を進めていく啓発の場になるアトリエを企画した。プロジェクトに対して市民の関心を惹いて、積極的な態度で課題にアプローチしてもらうことが目的だ。会合の冒頭に、「このような機会を持っても、どうせ市民の要望には関係

図３　協力型アトリエの宣伝パンフレット（提供：ＳＡＲＡ）

＊１　ＳＡＲＡ：Société d'Aménagement de la Région d'Angers（アンジェ地域整備開発公社）本書１５０頁参照。

なくプロジェクトは進むだろう、と思っている方もいるでしょう。確かに技術的な制約等に係る内容や規定は変更できません。しかしこんな大切なプロジェクトなのに住民の意見を聞かないのは残念ではないか、と考えアトリエを計画しました」という市議のコメントがあった。河畔整備プロジェクトは4年間で2億ユーロの予算や、土地利用の規制内容など基本原則のみが示されたほぼ白紙の状態なので、まさに市民直接参加型の事前協議であり、「自分たちのまちは自分たちで考える」という態度を醸成するためのステップとも言える。「どんなまちにしたいのか」を、計画の全くの上流段階で市民に問いかけた。会の進行は民間企業ウィグワム社[*2]が担当した（図4）。同社は2007年に建築家やアーバニストがナント市で設立した企業で、アトリエでは「協力的なアプローチ」を進めるためのファシリテーターの役割を務める。都市計画の政策主体としての市役所、土地インフラ整備にあたる経済混合会社、アーバンデザイナー等の専門家、各種のNPOや市民たちを一つのプロジェクトのパートナーとみなし、どのように共に「公共空間を創り上げてゆくか」についての意見を交換させる。

市民が積極的に意見を出すコンセルタシオン

3月の会は夕方の6時30分から9時まで。参加者は85人で、地域の発展や開発に関する活動を行っている地域委員会[*3]やNPO団体からの呼びかけで参加した一般市民で、年齢層は30から60歳代、男女差は6対4くらいであった。飲食のサービスはないので、本当にまちづくりに関心のある市民たちが集まったとみてよい。主催者側としてはアトリ

＊2　Wigwam
＊3　Conseil de Quartier　アンジェ市内で12の地区委員会がある。本書146頁参照。

図4　住民集会のオープニング。右はファシリテーターのカナダ人女性（提供：SARA）

エは個人の利害の対立案件を披露する場ではなくて、「市民が最も知りたい内容」「市民がこのようなプロジェクトで理解しにくいアイテム」をアーバンデザイナーに伝える場としても利用し、芸術家肌の建築家たちのまちづくりデザインに対して、公共空間のユーザー一般市民が感じる違和感を少なくしたい意向がある。だからプロジェクトに関与するアーバニスト、建築家、都市計画担当市議や市役所職員も出席する。アトリエでは12のグループに分かれて、「モビリティ」「イベント」「若者」「スポーツ」「水辺開発」「小売業」のテーマで提案を出し合う（図5）。アイデアを交わす段階では、話し合いの材料としてアンジェ市でのイベントや土地利用の図が豊富に用意されており、参加者が積極的に発言する。提案内容を文字化してゆくプロセスまで、ファシリテーターとそのアシスタントたちが頻繁に各テーブルを廻って誘導する。最後の総括で各グループの代表2人が、「河畔地区整備」に市民が求めるファクター3点を2分スピーチで全員に紹介する（図6）。基本的に「提案を重ねてゆき、最終的に大切と思われる要素をピックアップする作業」なので、フランスでよくあるエンドレスな批判や議論に陥る危険が少なく、「課題に対応する創造的な解決法」とファシリテーターは紹介している。最後にはアーバニストがプロにしか答えられない質問に対する回答や説明を行う場も用意されている。このようなアトリエに参加する市民はもともと公民意識の高い人が多いので一般化はできないが、参加態度は概して真面目で各グループでは真剣な意見の交換が行われていた。客観的にまちの将来の姿を想像して、意見を交換し合う作業への市民参加を、「参加型民主主義[*4]」と近年名づけている。幼少のころからの「自分で考える」「必ずしもみんなと

図5　グループで考察した提案事項を、他の人が聞いても分かりやすいように整理してゆく作業を行う（アンジェ市）

＊4　Démocratie participative

同じでいい、と考えない」「人前で発表する」訓練を受けている土台が必要だと感じた。

自治体が自主的に企画する住民集会

計画の全くの上流段階でアイデアをぶつけ合う住民集会の次には、かなり計画の草案が出来上がった時点で見取り図を説明する集会も行われる。5章で紹介したカプサン住宅地区の住民約200人が参加した事前協議会では、マスターアーバニストが低層住宅、一戸建て建設を導入し、地域を通過するLRTの4駅を軸とした緑溢れる住宅地開発のデザイン（2800戸対象）を説明した（図7）。質疑応答の時間が十分にあり、発表内容が具体的だったので、住民の質問も多岐、詳細に渡った。その一つひとつに丁寧に答える市長と都市計画担当市議の態度が印象的だった（図8）。質問の半分は車の走行変更と駐車問題だが、郵便局やATMの設置等に至るまでの質問に、具体的に通りの名前を挙げながらアーバニストや市長が答える。住民たちは個人の小さな目前の問題にこだわりがちで、日常生活の変更に不安を抱くが、それに対して「どのようなまちを作ってゆきたいか」という将来のヴィジョンを共に考えるように議論をまとめてゆく。地域開発のキーワードはグリーンベルトと交通のアクセスで、自転車専用道路と歩行者専用空間を整備し、LRT駅前に自治体サービス窓口がある建物を導入し、回遊性の高い広場を創設する。住宅地にはフリンジにまとめて駐車場を整備するというドイツのヴォーバン方式が発表された時には、住民のため息が出た。発表側は一貫して「社会階層の混合性」と「まちの機能の多様性」を求めてゆくことに対する住民の合意を求めた。このよ

図6　筆者も参加したグループの発表を、他のメンバーが早退したためやむなく行った。左は主催者SARA機構のOlivier RAGUER氏（提供：SARA）

うに書くと高尚な雰囲気を想像するが、参加者はいたって普通の市民であり、1時間30分にわたる質疑応答は大変活発で、集会は夜の7時30分から10時まで続いた。この地域の整備計画はすでに過去に公益宣言を取得しているので、特に法律で現在合意形成が求められているわけではない。しかし当初の計画に変更が入るために、広く市民の関心と理解の獲得を目的として、市長が中心となって自治体がこの住民集会を企画した。

2　アンジェ都市圏共同体の商店への対策・工事中の補填

計画決定後も続く、市民の支援を得るための広報活動

広報活動はどの都市でも徹底している。広告会社に外注する自治体もあるが、広報戦略の基本（コンセプトづくり、キャッチフレーズ作成、広告内容のクリエーション、媒体やツールの選択）を確立するのは都市圏共同体だ。第一段階でのプロジェクト情報開示については、インターネットホームページの開催、パンフレット、定期刊行物、市民が立ち寄って質問できるモデルハウスの設置（図17参照）、プロジェクト内容を説明する大型パネル展覧ホールなどを設ける。これら市民の目に触れるものには、徹底して計画のロゴ、カラーなどがコーディネートされ、統一化されたイメージの情報が伝達される。併行して住民集会をこまめに開催しながら、計画内容の周知を図る。

税金を投与して実施する都市計画や交通計画の事前協議活動は大変活発だが、意外に市民は計画の資金源をあまり問わない。特に大型予算を必要とする都市交通導入につい

図7　カプサン地区住宅整備計画を発表するマスターアーバニスト（本書154頁参照）

図8　市民の質問に答える壇上のマスターアーキテクト、市長、都市計画担当副市長（アンジェ市）

ても、ほとんどのフランスの市民は、交通税などを含め税金を都市交通経営に投入している実態（本書79頁参照）を知らないのが事実だ。交通を「公益性の高い社会的基本権の一つとして」考え、「税金の無駄遣い論」はまず聞かない。市民は都市の居住性に高い関心を抱いており、たとえ自分が利用せずとも「ＬＲＴやＢＲＴ導入でまち全体がブランド化され、不動産価値が上がれば、それで十分意義がある」と考える市民が大半だ。何よりもどの都市でもＬＲＴ／ＢＲＴを導入すると、まちの景観が美しくなる姿を市民は見てきたので、公共交通導入は景観整備を伴うという経験則や中心街再生にはクルマ規制が必要という理念も理解している。だが自宅の前で工事が始まると反応は違ってくる。特に都市交通導入計画では、事前協議を十分に行っていても、いざ工事が開始されてから、道路迂回などに直面して、フランスには交番はないので市役所に駆け込む市民は多い。だから計画が策定され、公益宣言発令後工事が始まっても、自治体は広報活動を怠らない。工事開始後も、工事の進捗状況の周知活動や工事中の自動車交通迂回を説明する公民会の開催など、広報の努力が必要だ。公共工事の現場には必ず工事内容から予算、施工主までを細かく分かりやすく説明し、将来の完成図を提示するパネルが設置され（図9）、市役所のホームページなどでも工事中のプロジェクトの説明は大変丁寧だ。市民の質問に答えるフリーダイヤル設置や役所の窓口も用意するなど、「行政の仕事の見える化」が企画の策定から工事の終わりまで徹底している。一般市民には「なぜこのような工事が必要か？　工事の結果どのようなまちになるか？」をヴィジュアルに説明することが必要で、首長などが先頭にたって、「工事が始まります！」とアピールす

図9　工事現場のパネル（ストラスブール市）

る記者会見なども積極的に行う。

２０１１年６月にＬＲＴを開通させたアンジェ都市圏共同体の、具体的な広報の取り組みの例を詳細に紹介したい。アンジェはＬＲＴ導入がフランス国内では後発だったので、他の都市の経験値を活かしながら十分な広報戦略を取ってきた。ＬＲＴ導入計画初期の２００２年からミッション・トラム局[*5]で勤務してきたトリシェ局長[*6]（図10）に、自治体が実施した広報戦略を尋ねた。

ミッション・トラム局長へのインタビュー

商店への補填のプロセス

——ＬＲＴ導入にあたって広報戦略の基本はどのように設定されましたか。

トラム局のスタッフをルーアンやパリ、ボルドーなどに派遣して、広報対策のモデルを勉強してもらいました。この３都市がアンジェに近い都市では広報戦略にいいものを持っていたのです。今では他の都市がアンジェに調査に来るようになりましたが。そしてＬＲＴ沿線に位置する企業や商店舗専用に「沿線の企業及び商店向けガイドライン」（図11）を作成して各商店街に配布しました。また工事の２年間雇用した９人の広報担当官が店舗の訪問も行いました。

——ガイドラインブックにはＬＲＴ沿線でビジネスを展開する市民が求める情報を記載したわけですね。

トラムＡ線工事のスケジュールカレンダーとともに、トラム工事の情報を市民が入

＊5　Mission Tram 運輸部とは別にミッション・トラムと名付けられたトラム局には、現在は５人しかスタッフはいない。ＬＲＴ・Ａ線の工事中は広報要員を雇用したので19人の職員がいた。

＊6　Marie-Pierre TRICHET

図10　アンジェ都市圏共同体ミッション・トラムのトリシェ局長

図11　Ａ４サイズ19ページカラー版の、沿線事業者向けのパンフレット。実在の商店主の写真も掲載されている（提供：ＡＬＭ）

手できる場所や方法を明記しました。沿線を5区間に分けてコミュニティセンターを設置して、いつでも市民が訪問できるように専用の広報担当官を常駐させました（図12）。営業や企業活動に工事が原因で支障が起きるような場合に、相談先機関となる商工会議所などの担当者と交渉窓口も紹介しています。工事中の収益減損額補填請求の仕組みも分かりやすく説明して、全部で19ページの冊子です。

――190件の補填申請書類があったそうですが、実際にはどのくらい補填されたのでしょうか。

商店主は工事の間は何度も申請書類を提出できるので、同じ商店が複数の申請をしています。実際には136の商店主が申請しました。2007年の調査ではトラム工事沿線に386店舗が営業していたので、3分の1が申請したことになります。そのうち101件に対して、約1000万ユーロ（1億2500万円）以上の補填が行われました。

――審査委員会の構成を教えてください。

委員長はナント行政裁判所の裁判官で、地元の商店舗と関わりのない方を選びます。県の代表、都市圏共同体評議会の交通担当副議長、LRTが導入されるコミューンのアンジェ市やアヴリエ市の市会議員、商工会議所、税務署、会計事務所連盟のそれぞれ代表から構成され、別途10人位の諮問委員もいます。審査は2段階です。まず提出書類が申請の対象になるかどうか、客観的な検証が必要です。これが1段目の技術調査。トラム局では、工事現場の工事前後の図を撮りデータ化する要員を一人雇用しま

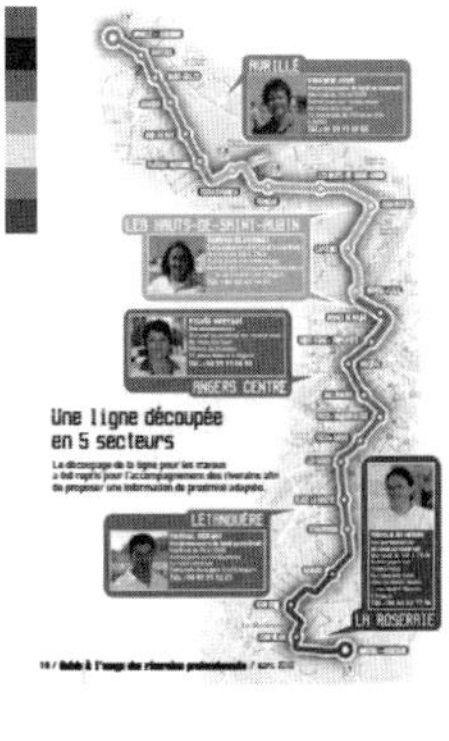

図12　ガイドラインから。LRT予定路線と、地区ごとの広報担当員の連絡先を顔写真入りで紹介している（提供：ALM）

表1　商店舗補填のステップ

① 商店街の地理的状況の確認
② 商店主が補填申請書類作成、提出
③ 審査委員会が申請書類の是正の検討
④ 商店舗の収益減損に対する工事の原因性の審査
⑤ 審査委員会が補填金額を自治体に提案
⑥ 自治体が補填金額を決定
⑦ 商店主への補填金額の伝達と「補填協約」の協定
⑧ 自治体から商店主への補填額の支払い

した。何よりも事実です。書類内容の是非を確認して委員会が補填申請書類の受理を認めると、2段階目に入ります。商店舗が申告した工事前3年間の売り上げ高や収益高の調査を税理士が行い、審査委員会が補填額を算出して自治体に提案します（表1）。

――商店主が書類を提出してから、実際に自治体が補填額を支払うまでの期間はどれくらいですか。

特別なケースを除いては2から3か月です。結果に不満があるとして追訴があったのは2店舗のみです。

――随分と早い措置と感じます。この100万ユーロはトラムミッションの予算ですね。

行政が行う万全を期した工事中の対策

このほかにもいろいろと予算を計上する必要がありました。たとえばA線の一部沿線には軌道の至近距離に住まいが並んでいます。工事中は灯油を運ぶトラックは道路に入れないので、あらかじめ家庭内のエネルギー源を都市ガスに転換してもらう。あるいは沿線側にガレージの出口がある世帯には、庭側へのガレージ出口の移動をお願いするなど、様々な補填の必要がでてくるものです（図13）。

――どなたが一体そこまで詳しく調査されるのですか。

我々です。現場に行って細かいところまで点検します。ATMが沿線にあればどう動かすか。消防車の乗り入れスペースは十分か、虫眼鏡的に細部を漏らさず沿線調査をします。トラム局は多岐にわたる分野の専門職スタッフで構成されているので、そ

図13　LRTが一般店舗や住宅ぎりぎりに走るアンジェ市北部。自動車も路線上を走行できる。舗道にスペースが少ないので、架線レス、地下集電システムを採用

れぞれが自分のコンピーテンシーに沿って物事を見極めます。

——店舗や企業向けのガイドラインには税務局や社会保険庁との相談案内もありますが、どういう意味でしょうか？

当時、都市圏共同体議会の交通担当副議長みずからが税務局や社会保険庁に出向いて、工事中は商店の売り上げが減るかもしれない背景を理解してもらい、商店からの税金等の支払い期間に猶予を認めてもらえるように事情を説明しました。勿論商店側は支払い期限引き延ばし申請書類を提出する必要があるので、ガイドラインはその手続きを説明しています。商店主からのヒヤリングでは、税務局等の対応も非常に柔軟だったそうです。

——それから商店に買い物客がアクセスしやすいように、無料のシャトルバスを配置されましたね（図14）。

この措置はコストが高かったわりには利用者が少なかったので将来のB線工事には採用しない予定で、代わりにVéloTaxi（自転車タクシー、図15）の配置を考えています。

——そのほか廃棄物処理にも工夫されました。

それは当然行政が行うべき措置ですが、ゴミ処理課が場所を決めて、住民に分かりやすいように、ゴミ捨ての新しい収集場のアナウンスをトラム局が住民への情報媒体となって行いました。

——細かいところまで至れりつくせりで、住民は満足だったと思うのですが。

いつでもどこでも、不満を持つ人はいますよ。我々が配置したファシリテーターの

図14　挙手すればどこでも止まるシャトルバスの通行コース（提供：ALM）

図15　VéloTaxiと呼ばれる自転車タクシー（写真はパリの観光客用自転車タクシー）

存在価値が高かったと思います。工事の間の約２年間、ＬＲＴ沿線には５人配置しました。市街地のトラムハウスには実物大のトラム車輌のモックアップを配置して、４人のファシリテーターが常勤しました（図16、17）。市民の疑問や不満は直接ファシリテーターに向けられ、結局書式による抗議などはほとんどありませんでした。かれらが市民の不安を吸収する緩衝材になったわけです。

――これだけのことをされれば、反対運動はなかったのでは。

政治的に当時の政権の反対派グループが一部の路線設定に反対は唱えましたが、ボルドーやストラスブールのように、計画そのものの公益宣言差し押さえまでには至りませんでした。

――最後にトリシェさんはどのようにしてこの13年間、ＬＲＴ導入企画にかかわるようになりましたか。

２００２年からトラム局にいます。土木技術士としてパリで橋梁建設の調査会社勤務を経て、アンジェ都市圏共同体の都市計画部公共空間整備調査課に来ました。そこで１９９８年から２００２年まで、アンジェ市の都市交通マスタープランＰＤＵ策定（２００５年に策定）に携わりました。当時はＰＤＵ策定の専門の局がなかったのです。都市交通にはその当時から興味があり、ＬＲＴが走行していたストラスブール・カーン・パリなどを視察しました。当初はカーンのようなＢＲＴも選択肢にありました。その後近隣のナント市でＢＲＴがすぐに超満員の利用になった経緯を見て、アンジェ市は１日３万人以上の利用客を想定していたので、選択はおのずとＬＲＴに

図16　トラムのモックアップ車体の中にテーブルと椅子を設けて、ＬＲＴのＡ線プロジェクトを説明するパネルを貼っていた（アンジェ市）

なりました。車体25ｍのバスを導入しても、道路が直線ではないアンジェでは厳しかったと思います。ＬＲＴを導入して公共交通利用者は増えましたし（筆者注・１９８年から２０１２年までの間に10％増加）、50年先をみてまちをダイナミックに再構築する良いきっかけになったと思います。アンジェ市のような中小都市ではまだまだ移動に占めるクルマ利用が80％と多く、公共交通へのモーダルシフトもそれほど早くは進まないのも事実です。しかし市民の誰もが自動車を運転できるわけではないこと、環境への影響などを考えると、何もしないわけにはいきません。バスも含めてＬＲＴや公共交通の利便性を高めて、利用者を増やしてゆくことが必要です。

それでは市民の移動の80％が車で行われているアンジェ市では、商店や市民とどのように「駐車対策」で折り合いをつけてきたのだろうか。

3　工事中の駐車対策

工事中は商店への搬入・搬出拠点とサポート要員を配置

公共交通導入の大型工事の際には、工事地区の住民や商店に買い物に訪れる市民の駐車対策を考える必要がある。アンジェ市では２０１２年に開通したＡ線工事沿線に３８６店舗、半径１５０ｍ以内には約１６００店舗の存在を把握した上で、商店への納入業務の便宜をはかった。ほとんどの納入は午前の９時から11時に集中している（だから歩

図17　市街地中心に設けられたＬＲＴ・Ｂ線の広報センター。新しい路線に関する情報が分かりやすく提示されており、中では広報担当官が住民の質問に答える（提供：ＡＬＭ）

行者専用空間の浮沈式ボラードは、どの都市でも午前11時くらいまでは地中に埋没しており自由に車が進入できる）。そこで商店舗の4分の3が集中している都心部に八つの「搬入ポイント」と、常時係員が常駐する搬入用駐車拠点を2か所設けた（図18）。この2か所の駐車拠点には、トラム局が3年契約で雇用した3人の専従スタッフが9時から16時まで待機して、搬入にあたるトラックや商店への情報提供や、時には荷物を店舗まで運ぶサポートまで行った。調査ではトラック1台の駐車時間平均は13分で、この拠点から搬入先店舗までの平均距離は250mであった。ここでも徹底した広報戦略を採用し「商店の皆さんの搬入・搬出をお手伝いします」という姿勢を明確に出している。ロゴ、カラー、分かりやすいパネル、お手伝いするスタッフの服装の統一、案内情報用紙の配布、メールによる商店舗への情報伝達、とあらゆる方法を駆使した（図19）。とくに公共交通導入工事でなくても、商店街での工事に参考になる措置かと思われる。こうして、LRT工事中は大きなトラブルもなく商店街への対応がなされた。現在アンジェ市では都心に全体で9500台くらいの公営有料パーキングがあり、公営会社[*7]が管轄している。そのうち2380台が2時間までに駐車が限定されている路上駐車場、4840台が屋内駐車場（地下及び立体）だ。そして歩行者専用空間に住んでいる市民は、月50ユーロの特別契約価格で地下駐車場を利用できる。都市のパーキングの大半が自治体経営という事実は、クルマとの共存を確保しながら公共交通の利用を推進する全体的なまちづくりにおいて重要である。道路利用や駐車政策の再編成なしには、歩行者優先・自転車専用道路・バスやLRTの利用推進は実際問題として難しいからだ。住宅や都市

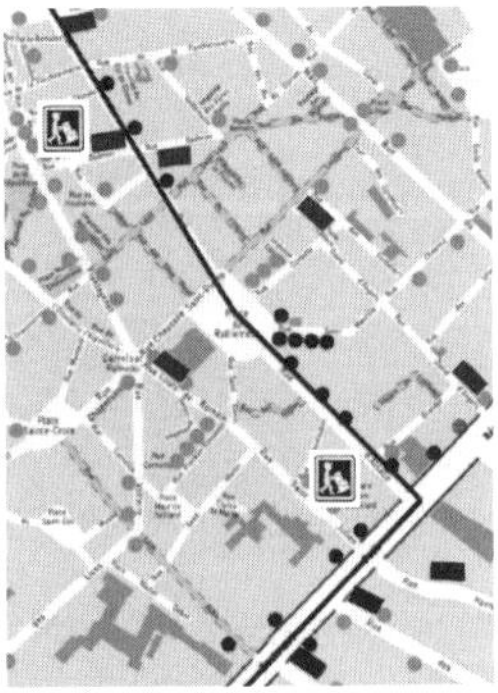

図18　黒丸が工事前の搬入用トラック駐車場。四角が新しい八つの駐車ポイント。[P]が、サポート要員が待機する搬入駐車拠点（提供：ALM）

図19　アンジェ都市圏共同体の搬入お手伝いスタッフ（提供：ALM）

整備開発の合意形成においてもまず問題視されるのが、工事中も含めての自動車迂回策と駐車政策だ。商店側からは「クルマが駐車できないと客足が鈍る」「しかし、同じクルマに長い時間停車されるのは困る」など非常に細かい注文がつく。それでは自治体側からみれば十分な措置が取られたアンジェのＬＲＴ導入工事だが、商店側からの意見を最大規模の商店組合「アンジェ市のウィンドウ」[*8] 現会長ガゾー氏[*9]（図20）に聞いてみた。

アンジェ最大規模の商店街組合会長へのインタビュー

――アンジェ市最大の商店街組合とお伺いしましたが、参加店舗や活動内容を教えてください。

今１５０店舗が参加しています。組合は１９０１年の Association 法[*10]でできたＮＰＯなので、会長をはじめ理事９人は全員ボランティアです。会員になる店舗は雇用している職員の数によりますが、平均５００ユーロくらいの年間会費を納めています。その会費から、事務や市役所との連絡を担当する１人の職員の給料を支払っています。

――かなりの予算だと思いますが、どのような活動をされていますか。

まちなかの最大規模のイベントは冬のクリスマスマーケットです。他には組合費で1千本の薔薇を購入して店舗に配り、母の日に来店したお客様にプレゼントしたり、お客様の重い荷物をパーキングまで運ぶサービスなど、様々な仕掛けがあります。１か月間に5千人が閲覧し組合が管理するウェブサイトに、各商店の案内を掲載します。企業や自治体が社員などに配布する「プレゼント用小切手」があり、２０１４年は11

＊7　ＩＮＡＵＳ：Société publique locale 駐車料金は自治体の歳入になる。

＊8　Les Vitrines d'Angers アンジェ市で一番大きな組合の「アンジェのウィンドウ」には、１５０くらいの店舗が参加している。

＊9　Domonique GAZEAU

＊10　Association loi de 1901（アソシアシオン１９０１年法）：会長と会計係がいれば結成できる市民団体結成法。本書40頁＊22参照。https://www.associatheque.fr/fr/guides/creer/etat_secteur_associatif.html

万1千ユーロ相当の「お買い物券」が店舗全体で使われました。最近自治体[*11]がまちなかの活性化対策として、地下駐車場の最初の駐車時間1時間の無料化を決定しました。それを受けて我々も駐車場管理会社から1千時間相当のパーキングチケットを買い取り、お客様にお渡しする「1時間駐車チケット」を加盟店舗に配布しています。そうすると買い物客にとっては合計2時間、パーキングが無料になるわけです。

――地元の古い商店主の方々が、組合の新しい活動を妨げるようなことはありませんんか。

1980年代くらいまではまちなかの商いは「黄金時代」でしたので、その頃に資産を形成した余裕のある年配者は物事を変革するのをいやがり、自分が年金生活に入るまでは現状維持を望む傾向があります。でもフランスでは60歳、遅くても65歳くらいには商店主も年金生活に入ります。70代や80代の人は組合のメンバーにいませんので、必然的に年齢構成も若く、時代の変革についてゆけると思います(図21)。

――まちなかの商店の代替わりは活発でしょうか? アンジェ市では26%しかオーナー商店経営者がいないそうですが。

その26%のほとんどは、20年から30年間同じお店で商売を行ってきた方がたです。オーナー商店主が年金生活に入る時は、お店をテナントに貸して家賃を取り生活の足しにします。私が見ている限り商売を子供たちに譲るのはごく稀で、通常お店の不動産の売却金やあるいは貸した場合の家賃は、自分たちの生活費としています。一番多いケースは年金生活の間はお店をテナントに貸して家賃を取り、親の代が亡くなると子供たちが不動産としてお店を売りに出します。一方、新規参入者からみると市街地

図20　50年前の車に溢れたアンジェ市中心広場の写真を背景に。商店街組合代表ガゾー氏(アンジェ市)

＊11　交通政策主体のアンジェ都市圏共同体議会で採決された。

は大変不動産コストが上がってきているので、普通の商売人が不動産を購入するのは難しくなっています。だから売りに出た物件は金融機関やデベロッパーなどが購入して、そこに商店舗をテナントとして入れて家賃を取るケースが多いです。

――なぜ、子供たちは後を継がないのでしょうか。

ただ商品を揃えて座っているだけで良かった昔と違って、今は店を経営するというのは覚悟がいります。誰にでもできるわけでもないので、本当にこの仕事が好きな人しか残りません。また不動産オーナーでなくてもテナント商店主がお店を辞めるときには、賃貸借契約権や営業権（本書111頁＊27参照）を次の経営者に売って、ある程度の資本を手にすることができます。アンジェ市の中心地で70㎡くらいのお店だと賃貸借契約権は、12から15万ユーロ（約1500万円から1875万円）にもなります。

――すると賃貸借契約を受け継ぐ新しいテナントは、賃貸借契約権という一括契約金を出て行く店主に支払い、また不動産オーナーに家賃も払い続けてゆくわけですか。

はい、だからこそ必然的に家賃が高い物件では、賃貸借契約権は安くなります。賃貸借契約は3、6、9年で、もし新しい入居者が家賃の支払いを家主に滞った場合は、旧テナント経営者が代わりに家賃を納める仕組みなので、この契約金は「保証金」の役目も果たしています。

――フランスには空き店舗税（本書112頁参照）がありますが、実例をご存知ですか。

そんな法律があることも知りませんでした。アンジェ市の空き店舗率は現在4・8

図21　商店街組合事務所には、アンジェ市中心広場の写真が年代を追って貼ってある。1905年には路面電車が走っていた（提供：ALM）

%で、市街地に関する限り2年間もオーナーが賃貸用不動産を放置しておくなどあり得ないでしょう。

商店組合と自治体の商業担当者が1か月に1回会合を定期的に開催

――LRT導入工事の際に自治体が商店に対して取った措置について、どう評価されますか？　もし、次の工事で改善できる点があれば教えてください。

搬入のために工事中に自治体が取った措置は、とても素晴らしかったです（図22）。敢えて言えば、全区域で一斉に工事を始めて長く不便な状態が続くのではなくて、もっと小さな区域ごとに工事をしても良かったのではと思います。しかしそのようなすり合わせは工事プランニング設定初期に、我々商店代表者も事前協議に組み込まれることが肝要で、残念ながらそこまでの意見徴取はありませんでした。現在は商店舗の代表であるすべての組合と自治体の商業担当者、商業担当の市議が、1か月に1回会合を定期的に開いています。「商いの事前協議[*12]」と呼んでいます。たとえば駐車場の工事を行う時はクリスマス商戦の時期を避けるなど、細かいところまで自治体側と調整が可能です（図23）。

――工事中の収益減少補填措置は評価されますか。

補填は工事現場の目の前に店舗がある商店主しか申請できませんでした。実際にはその裏の通りのお店も、まちなかに工事があれば客足は遠のくわけです。だから我々の立場からすると、補填は十分ではなかったと言えます。工事はお店の近辺で1年か

*12　Concertation de Commerce

図22　まち中に設置された広報センターで、LRT延長計画を市民に説明する行政スタッフ（提供：ALM）

ら1年半続いたので、その間の売り上げの減少を回復するのはかなり商店にとっては難しいです。

――商店街組合としてはどのような抱負がありますか。

快適なまちなかに簡単にアクセスできるように整備していくことに協力します。フランスの地方都市で商業地の牽引役をするお店は、ギャラリーラファイエット[*13]とFNAC[*14]ですが、全国展開の衣料店舗などにももっと出店してほしいと願っています。ただし進出して欲しいお店と空き店舗とのマッチング業務は、商店街組合では行っていません。わたしたちは事務員を除いては全員ボランティアですから、お店を持ちながら誘致活動に充てる時間がありません。マッチング活動は自治体の仕事だと思います。

商店街組合が自治体にビジネスマッチングの業務を期待しており、議員や市役所職員とも定期会合を持つなど、自治体や議会との密接な関係が分かる。ガゾーさんは10年前から、アンジェ市に出店したい人たちのサポート業務を仕事としている。出店準備の際の金融機関との交渉、保険などの手続きから、より具体的にお店の内装デザイナーとの交渉など何でも着手するそうだ。以前は業務用家具の販売会社で勤務していたが、夫人が衣料店舗を2店経営しており、現在の仕事の着眼を得たとのこと。年齢は40代後半くらいで、老舗の店主が商店街組合会長になるわけではないようだ。

図23　イベントの際には各店舗もＢＢＱスタンドを出すなど協力して、お祭りの雰囲気を盛り上げる。

*13　Galerie Lafayette　全国展開のデパート。

*14　ＦＮＡＣ　書籍、音楽、ＯＡ機器、電子用品専門の全国展開の店舗。

4　フランスではなぜ自治体がイニシアティブを発揮できるのか

地方公共団体の財政

広域自治体連合やコミューンなどの地方公共団体の主な財源は地方税[*15]で、制限税率はあるが標準税率はないので、各自治体が徴税率を設定できる。市民は住居を決める時に住民税率をしっかりと調べる。住民が居住地域に対して持つ関心の高さの要因になっているかもしれない。医療、福祉はどの都市に住んでも国で一律化された保障を受け、住民税や固定資産税は居住地の自治体によって異なる。複数のコミューンで構成されるメトロポールや都市圏共同体などの広域自治体連合政府予算の3割から4割が、都市交通及び都市整備に充てられる（本書76頁参照）。公共団体は国の許可なしに地方債を起債できるが、新規投資部門の支出財源としてのみ可能で、経常コストの赤字補填などには利用できない。フランスの地方自治体予算は、支出も歳入も経常部門と投資部門に分けられている。

意思決定を行う首長と地方の政治家たち―広域自治体連合の強み

地方都市のまちのあり方を決定するのは、地方自治体の首長とレ・ゼリュと呼ばれる地方議会の議員たちだ。地元の事情と要望を熟知した議員により、市民に近いところでの意思決定がなされている。フランスでは地方政治に寄せる市民の関心が高く、市長は

＊15　地方4税　直接税として、住居税、既建築不動産税、未建築不動産税、地域経済貢献税（日本の法人税にあたり、CETと呼ばれる）。CET（contribution économique territoriale）は《企業が支払った付加価値税を基準に計算した税（CVAE：la cotisation sur la valeur ajoutée des entreprises）》と《企業の不動産を対象とした固定資産税（CFE：la cotisation foncière des entreprises）》から構成される。これらの税率は地方自治体が決定し、自治体の独立財源となる。

身近な存在だ。市長は最初の議会で市議会議員の中から互選される。[*16]日本と異なり、多数議席を獲得した党のリーダーが「自治体の首長として市長」に選出されるので、執行機関（市長および行政）と議事機関（議会）との整合性がある。予算編成、発案権を持つ市長が議員の中から副市長を複数任命する。議員たちは専門分野を持ち、政策に精通しており、副市長はその専門分野に従って行政のトップと緊密に連携しながら業務にあたる。議会には予算の審議・採択、税率の決定、地方債の組み立て、交通手段導入や都市計画に際しては公共工事請負契約に関する枠組みの策定、第3セクターや開発公社の設定及び組織化なども権限に入る。市長、副市長の報酬はコミューン人口によって250ユーロから5500ユーロまで細かく法で制定されている。[*17]国会議員と市長の兼職が可能なので、[*18]中央政府との適切な均衡を保ちながらも必要な情報を獲得でき、地方にも大物政治家といわれるカリスマ性のあるリーダーが生まれる。フランスでは都市の将来像の明確なヴィジョンとそれをやりとげる強い意志を持ち、まちのマネジメントに当たってきたリーダー、首長の存在感が大きい。

複数の自治体が集合して、より潤沢な予算と豊富な人材を確保し、広域なエリアを対象にした政策づくりも上手く機能してきた。行政境界線にこだわらず人々の経済生活圏をとらえて、広域行政集合体として現状を分析してニーズに応える都市・交通計画の実現を図っている。都市圏共同体では、加盟コミューンの代表が構成する評議会で議長を選出して議決を執行する。議長職は中心都市の市長が務めることが多い。評議会の議員数とテリトリー内のコミューン市議会の議員総数はかなりになるが、コミューン議員報

＊16　名簿式投票制度で、通常は名簿の第一順位の候補者が市長になる。人口30万以上の市では16名まで副市長を任命できる。

＊17　パリ、マルセイユ、リヨンを除く。

＊18　複数の官職を兼ねる場合も、統合した月額基本給は8272ユーロが上限、但し官房スタッフ人件費等は別。

酬の基本給は月285ユーロと小額だ。[*19] 地方議員は議員職とは別に職業を持っていることが多く、議会も土曜日の午前中に開催するなど配慮されている。議会をインターネットで同時中継する都市が増え、議員の質問内容も市民からチェックされている。

ノウハウが行政内に蓄積される、有期雇用の専門性の高い人材を登用した組織作り

行政も計画を施行するビジネスフレームとしての組織を全役所体制で立ち上げ、外部から有期雇用した精鋭のスペシャリストを上手く活用しながら、市長をサポートする。1982年の地方分権法以来、分権化の徹底のためには国は憲法改正もいとわず、地方自治体の財政自主権を明記し、それとともに地方を担う人材も育ってきた。なぜなら地方都市では若い年齢でも具体的な大型都市プロジェクトに着手できるので、必ずしもパリに人材が一極集中しなかった。地方自治体で早いピッチでどんどん変化してゆくまちを見ていると、「地方で都市計画に着手する仕事は楽しいだろう」と容易に想像できる。企業も中央官庁も年功序列ではないので、キャリア後半に地方に来るのではなく、どこの都市に行っても新規の大型計画の責任者や担当者には30代から40代の行政職員が多い。

都市交通計画などの大型公共工事遂行にあたっては、地方公共団体はプロジェクトごとに任期付きの経験豊富なスペシャリストを雇用し、流動性のある専門集団を構成してきた。ストラスブールのかつての交通局長はその後ニースでLRT導入に辣腕をふるい、今では国境を越えてルクセンブルグのLRT導入事業の最高責任者だ。現在のストラスブール交通局長は、80年代後半にLRT導入を市民直接選挙にかけたグルノーブルにい

*19 コミューンの副市長を務める議員は600ユーロ、都市圏共同体の副議長は2千ユーロ。

た。専門性を活かした仕事をしているからだと思うが、彼らがミッションに賭ける情熱と真摯な態度が感じられる。役所内の定期異動がなく民間との協調意識も高く、他の自治体との情報交換にも積極的だ。２００９年度にブレスト市とディジョン市が、アルストム社に車輌をそれぞれ20両と33両、合計53編成を共同発注して、単価の30%削減に成功した例などは都市間協調の具体的な成果である。またＬＲＴやＢＲＴの後発導入都市は、まちづくり政策先発組の都市に特に「失敗ケース」の聞き取りに行くそうだ。経験値は尊ぶが、失敗を恐れず自治体のサイズに合わせて出来ることから実施し、上手くいかない場合は訂正しながら解決能力を向上させてきた。この自治体において専門家集団のタスクチームを稼動させる方式は、都市・交通計画のように大型予算を組むプロジェクトで主に採用されてきた。大学や研究機関と行政とのコラボ、地域の経済開発プロジェクトにおいても外部要員の採用が珍しくない。専門家を期限付き契約で雇用できるので、大型プロジェクト起動の際に必要な合意形成のスタッフも行政が直接職員として取り込む。その結果、ノウハウがコンサルタント側ではなく行政側に蓄積されてゆく。

地方のまちづくりのあり方

地域のために誰かが動くのを期待したり、市民のイニシアティブに頼るのではなく、あくまでもまちをマネジメントしてゆくのは首長を中心とした地域の政治家であり、それを支えるのは行政という姿勢が、どの都市でも見られる。フランスの自治体職員の高い専門性を生かした人材登用、２年や３年などの短期間サイクルでの人事異動がないプ

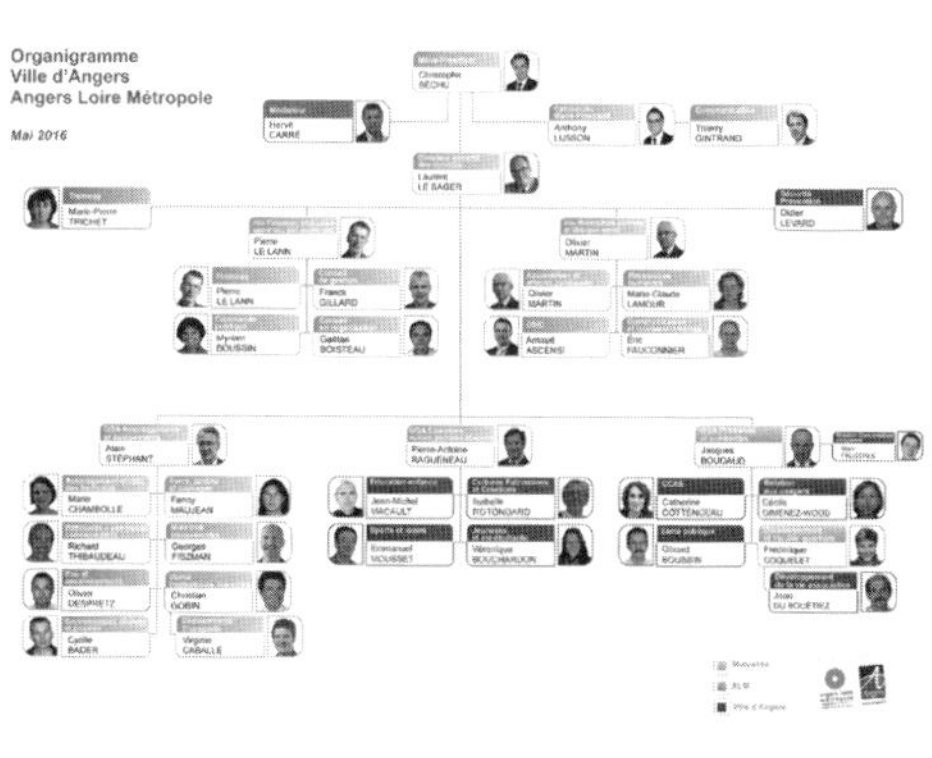

図24　アンジェ都市圏共同体とアンジェ市役所の行政スタッフの組織図には、職員が顔写真付でネットで一般公開されている。「行政の見える化」の徹底である（提供：ＡＬＭ）

ロジェクトチームセッティング、単年度予算ではないフレキシブルな予算の組み方、まちづくりの政策決定権を持つ地方政治家と行政の徹底した協働体制の確立などが、自治体がイニシアティブを取りながら一貫性のあるまちづくりを進めてゆける背景として挙げられる。市民は必ず行政活動のプロセスの透明化と徹底した情報公開を享受しており（図24）、積極的に合意形成等の機会に参加している。市民には公開議論の場で、自分の関心事だけでなく「地域全体の成長と次世代への責任を持ったヴィジョンを語れる民意の成熟度」も要求される。まちのあり方に関心を抱いて、各種活動に参加できる時間の余裕が確保されている労働事情の背景も無視できない。各自治体の規模が比較的小さいので、議員や行政の活動へのチェック機能も働いている。誰（市民）のために、誰（市民）のお金を使って、誰（市民が選んだ政治家）がまちづくりを行うのか。そのメカニズムがよく見える。そして地方自治体主導のまちづくりを可能にするのは、意思決定、予算、人材など広い意味での地方分権とそれを支える法整備と制度だ。

年金生活に入ってから田舎にUターンする日本と異なり、フランスでは働き盛りの子連れカップルがパリや大都会を出て地方都市に転居する例や、一度は都会に出るが30代を超えてから故郷の地方都市に帰る例が珍しくない。人口構成をみても、若年人口が地方都市にも存在する（図25）。なぜフランスは地方都市に働き盛りが戻ってきて、雇用があるのか？　どのようにして地方は人材を確保して地方都市の活力を保持しているのだろうか。アンジェ市長（図26）に聞いてみた。

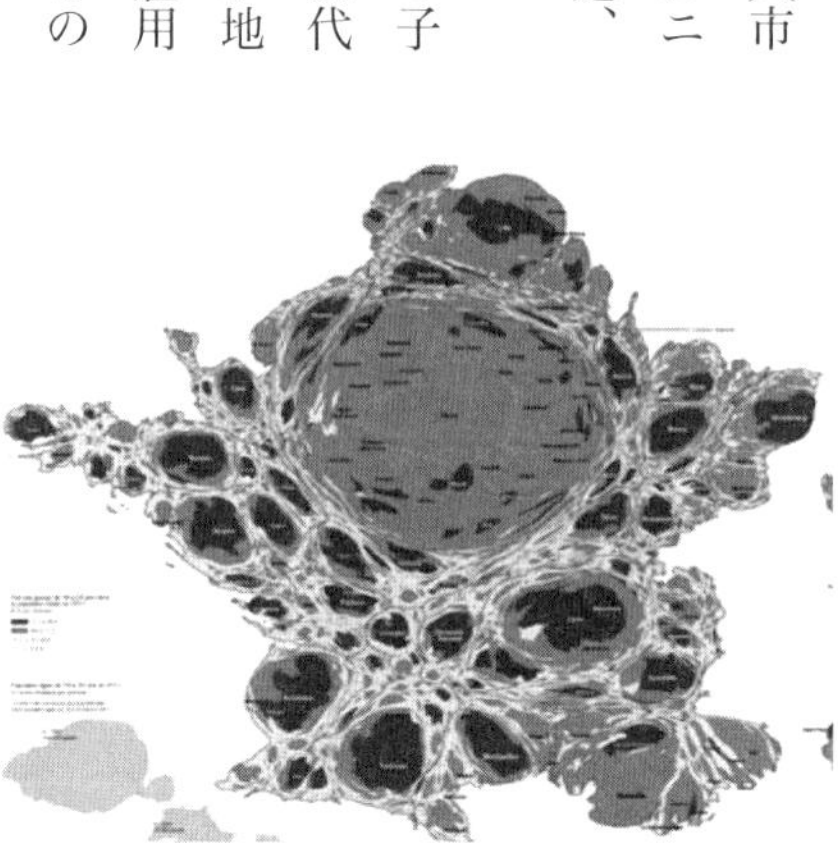

図25　15歳から24歳までの人口居住分布図。色が濃い地域ほど人口が多いこの分布図を見ると、経済人口50万人前後の地方都市で形成するメトロポール（リヨン、リール、ストラスブール、ボルドー、ナント、ツールーズ、マルセイユなど）を中心に若年人口が多いことが分かる。パリに意外と15歳から24歳までの人口が少ないのは、一部のグランゼコール（大学院大学）などに入学する者を除いては、通常地方都市在住の子弟は地方の大学に進学することが多いためと思われる（提供：CGET-DST）

アンジェ都市圏共同体評議会議長・アンジェ市長へのインタビュー

都市の存在を発信するには、何かに傑出している必要がある

——アンジェ市は2013年から「生活が快適な都市」№1に選ばれていますが、市長が描く将来の都市の姿のヴィジョンを教えてください。

　私の市長としての目的は、「まちの輝き」を増すことです。いいまちを作るには、企業を誘致して人口を増加させ資金を手に入れる必要があります。そのためにはアンジェ市の存在価値を高めて広くアピールしなければなりません。どんなに私たちが「住やすいまち№1」といっても、誰も知らなければ意味がないのです。アンジェなんて多分「人口5万人くらいの小さな可愛いまちだ」というイメージを持っている国民が多いので、そのイメージギャップを埋める必要があります。これは道路工事より困難です。工事には始めと終わりがあり、具現化された結果をみることができますが、都市の発信はすべてのパラメーターに関わらなければなりません。グロバリゼーションの時代では、「普通にいい」だけではだめなのです。何かに傑出していることが求められます。この都市の将来の基幹産業は、スマートライフ開発 Objet Comne cté[*20]とグリーンライフ Végétal[*21]だと位置付けています。

——スマートライフデジタル産業のIOTクラスターは、オランダ大統領と共に2014年にアンジェでオープンしましたね。植物関連産業を集積させるプロジェクトのアピールもタウン誌や市内でよく目立ちます。

　アンジェ市が持っている生活資本の素晴らしさを知ってもらう必要があります。企

図26　アンジェ都市圏共同体評議会議長・アンジェ市長ベシュー氏（提供：ALM）

＊20　Objets Connctés：住居や車の各機能、健康機器などをインターネットサービスと連結させるIOT（Internet of Things）産業。2014年にアンジェ市に1800㎡の敷地を持つフランスを代表するIOTクラスターが、オランダ大統領によりオープンされた。

＊21　Végétal：アンジェ市を中心とする地方は、植物、花、野菜や果物生産のフランスを代表する一大供給地である。観光産業振興と雇用創出を期して、街全体のグリーン化（自転車専用道路増加なども含め）を進めている。

業が誘致されます。雇用はあるでしょう。でも生活はどうでしょう？　文化イベントはあるのか、夜は外出できるところがあるか？　スポーツには簡単にアクセスできるか？　他の地方への旅行のモビリティは整っているか？　パリに簡単に行けるのか？　つまり毎日の生活の高いクオリティが私たちの切札なのです。なぜならひとたびこのまちに住んでもらえれば、「かなり素晴らしい都市だぞ」と実感してもらえるからです。実際にはアンジェ市を訪問する人もまだまだ少ない。だから集客のために、シンポジウムや見本市開催を重ねているわけです。

――市長にとっての「住みやすいまち」の定義は何でしょう。

市民が充実した生活を過ごせるまちです。「充実した」とは具体的に何か？　人間が感じるインスピレーションを満足させることのできる生活です。仕事、リラックス、そして長寿です。これらは医療や社会保障の裏づけに支えられていますが、アンジェ市の生活環境や衛生条件は良くて、文化、スポーツイベントも豊富です。[*22]

――アンジェに移住する若者の平均年齢は35歳で、出生率も高いですが、若い人が地方都市で生活するには、何よりも雇用が必要です。

大学がない周辺自治体の青年層がアンジェで就学します。まちは地元出身の若者たちだけで豊かになっていくのではなくて、いわゆるよそもの、違った視点も持つ異種な人口が混ざることで初めて発展してゆくので、卒業者は引き留めたい。私は方向性を示して、経済振興庁[*23]や行政機関が具体的に青年層と就労先のマッチングステップを構築しています。

＊22　本書１３１頁のアンジェ市のイベントカレンダー参照。

＊23　ＡＬＤＥＶ：Angers Loire Développement　商工業振興と雇用促進活動を目的とした地方公施設法人。２０００年に設立されてから、すでにアンジェ都市圏共同体への１２００件の事業所誘致に成功している。http://www.angers-developpement.com/

２０１５年にはＡＬＤＥＶの強い働きかけにより、京都に本社がある邦人企業フェイスが、店舗向けＢＧＭ配信サービス事業の欧州展開の拠点をアンジェ市に構えた。http://www.faith.co.jp/

コンパクトシティの鍵になる「都市の形」

――アンジェ市が求めるコンパクトシティの考えかたについて教えてください。

「土地の消費」を抑えなければならない理由は簡単です。世界規模で人口が増える現代、食糧供給問題を考えると農地確保は大切です。地域の特徴を考慮に入れた土地利用の抑制ターゲットの調整が必要で、都市のスプロールと戦うのが目的です。コンパクトシティ構想を進めるときに大切な存在は、アーバンデザイナーや景観デザイナーです。１haあたり80戸を建設しても２００軒あるように感じるエリアと、40軒しかないように感じるまちづくりがあります。「都市の形」が重要な要素です。大きなタワーに小さな入り口、地下パーキングがある集合住宅と、個人的な都市型一軒屋を感じさせるデザインを採用した低層型マンションとで、全く受ける印象は違ったものになります。コンパクトシティ実現のためには、都市経済圏全体の目標を設定する広域都市計画（ＰＬＵｉ）が最優先です。なぜなら行政的境界線は生活境界ではないからです。

――どのようにしてコンピテンシーの異なる専門家を協働させて広域都市計画を実現しましたか？

交通の専門家を抜きにして、土地の密集度の見直しや住宅供給計画などは進まないので、交通・住宅政策の広域都市計画への統合は当然です。正確な現状把握と診断が必要ですが、移動、住居、経済発展を一つの都市計画に統合させてまちづくりを進めていくのは、成長戦略の一貫性を保持するためにも賢い方策だと信じています。

――アンジェは他都市に先駆けて広域都市計画を策定しましたね。

フランス西部の伝統ですが、調和のとれた成長を市民に提供するという広い視野をもって活動できる議員や首長が多いのです。住民を前に据える必要があります。

市民によりそった市長の姿勢

——市長の考えておられる「住民の意向を大切にする近接民主主義」は、どのような形で具現化されているのでしょうか。

市民と共に活動する近接民主主義には三つのステップを設けました。アンジェ市を10の区域に分けて1か月に1回、それぞれの地区の「地域の家」*24 に朝8時から23時まで待機します。当該地域の企業や施設を訪問し、夜はエリアで現在進行中や将来の都市計画、産業発展計画についての説明会を行います。地域の経済成長の担い手が参加します。二つ目は土曜日の午前中の「アポイントなしの出会い」。どんな市民にも会って話をします。個人的な問題、たとえば住居等についての相談もあります。三つ目は私自身が市役所職員の現場での仕事に付き添う「現地主義」です。できるだけ現実に近い役所業務の理解と問題把握を目的としています。

——行政の現地における作業に関わられた具体的な例はありますか?

緊急性を要する道路整備を優先的に行っています。自動車通行だけではなくて、横断歩道を渡るベビーカーを押す市民の安全性などにも関係し、市民の日常生活に大切な案件です。まちの清潔性を保つために、ゴミ処理政策の充実化も図っています。具体的には清掃課のスタッフの増員や、市民全体にアンジェ市の生活環境の改善に携わ

＊24　Maison de quartier（地域の家）。日本の町内会集合所、公民館、あるいは「ふれあいセンター」の機能を持つ拠点。市役所やＮＰＯが管理し、地域の社会的、文化的活動の場を提供する。

＊25　本書24頁と１０３頁参照。

＊26　本書１７６頁参照。

図27　「市役所清掃課２００人のスタッフがまちを綺麗に保つ努力を行っています。貴方は?」「まちの清潔はチームワークです」というメッセージがバス停に貼られている市役所のポスター（提供：ＡＬＭ）

ってもらうキャンペーンを行っています。すべて私自身が現場におもむいて対策を打ち出しました（図27）。

――まちの活性化の観点から、市街地の商業活性化については、どのようなお考えをお持ちですか。

２０１２年に面積7万平方メートルの大型郊外商業集積地アトール[*25]が開業し、同時に市街地ではＬＲＴ導入工事を行いました。ＬＲＴは有益かつ必要なインフラなのですが、この二つのタイミングが重なり、市街地の経済構造が一時弱体化しました。しかもアトールでは駐車は無料、市街地では車のアプローチを少なくするために街中の駐車料金は2倍に設定しました。これでは近接商店への足運びが少なくなりますので、街中の駐車1時間目の無料化を議会で決めました。[*26]市民は40年先の絵図ではなく、今すぐ仕事にかかれる市政を望んでいるのです。

――本日はありがとうございました。これから市長の出席される住民集会などで、市長と市民の交流を確かめさせていただきます。

「まちづくりは首長自身が積極的に関わらないと成功しない」とフランスでは言われている。「他の人がしてくれるのを待っていてはだめだ、我々自身が自分たちのまちの豊かな資質を発信するアクターになる必要がある」というメッセージを、アンジェ市長はいたるところで強調している。「素晴らしいまち」だけでは不十分だ。「野心を持った」まちにならなければならない。これが市長のいう「まちのプロモーション・売り込み」

図28　河畔地域整備計画の住民集会での市長。中央はマスターアーバニスト。左端は手話の通訳者

である。都市サイズが余り大きくないという事実もあるが、「地域の家」などでの住民との直接的なコンタクトを欠かさず、都市で現在進行中の土地整備計画のあらゆる住民集会に出席し、1時間以上設けられた質疑応答で住民からの質問に市長自身がメモなしで答えている（図28）。市長がそれぞれの案件の非常に詳細な内容まで把握しているのは驚きだが、あらゆる機会で新しいまちづくりのキーワード「環境保全」と「スマートデジタルライフとグリーンライフを中心とした産業育成」「まちのプロモート」を説明し発信している。都市の将来をどうもってゆきたいのか、というヴィジョンを丁寧に市民に伝える姿が印象的だ。

２０１６年夏、金曜日の夕方に、アンジェ古城入り口で、歩行者専用空間整備の完成イベントが行われた。歴史建造物を活かすために、クルマの侵入をできるだけ抑えた、新しい公共空間としての広場の意義を市長は市民に力説する。まちづくりへの態度が一貫している。テープカットのあとは鳩が解き放たれ、軽い食前酒とおつまみサービスとともに素晴らしい自然環境の中で、市民が夏の宵のひと時を過ごしていた。市長秘書やブレーンは距離を置いて控えているので、市民はここでも気軽に市長に話しかけることができる。これもフランス地方都市の一つの姿だ（図29）。

図29　左に見える古城前の歩行者専用空間オープニングセレモニー。空は明るいが夕方の7時。出来るだけ多くの市民が参加できるように、住民集会やセレモニーは夕方の6時以降に開催される

7章　フランスから何を学ぶか

2章から6章まで、フランスの地方都市が賑わう背景を、交通政策、商業政策、土地利用政策、政治のしくみなど、さまざまな角度からみてきた。フランスと日本では、前提となる法律や政治のしくみが異なる部分も多く、日本ですぐに同じことができるわけではない。また、日仏の差は、多くの要素が絡み合って生じているものであり、部分的にフランスを真似るだけで日本の問題が解決するというわけにはいかない。しかし、フランスの地方都市も、かつてはクルマ社会の進展と中心市街地の衰退に直面し、そうした状況に柔軟に対応することで、今日の賑わいと豊かさを手にしている。

そうであれば、日本の地方都市の現状を変えていくうえでも、何らかのヒントは得られるに違いない。謙虚に学べるところは学び、日本にも応用していく必要がある。そこで、本章では、フランスから学ぶべき戦略と、そのための具体的な戦術を考えていく。[*1]

1　フランスから学ぶべき戦略

まちづくりに対する思い

フランスと日本の差異を一言でいえば、現在のフランス人は、自分たちの街のヴィジョンとその基礎となる哲学をはっきりと持っているということではないだろうか。その

＊1　本章で用いる「戦略」「戦術」という言葉は、交通コンサルタントでデルフト工科大学のヴァンデヴェルデ氏が提唱した「ＳＴＯ」という枠組みを念頭に置いている。これは、交通システムを社会的な目標の中で考えるために、ストラテジー（Strategy 戦略）、タクティクス（Tactics 戦術）、オペレーション（Operation 運行）の三つの段階に分け、市民、行政、企業がそれぞれの段階でどのように関わり、何をするかを整理するという国際的に認知された考え方である。詳しくは、宇都宮浄人『地域再生の戦略―「交通まちづくり」というアプローチ』（筑摩書房、２０１５）参照。

哲学とは、過度に自家用車に依存した都市から、中心市街地を「歩いて暮らせるまち」に変え、郊外部の自家用車利用との棲み分けと共存を図る多様な選択肢も確保しようというものである。そうした確信があるから、まちづくりの道筋も明確になる。実行にあたっては、マスターアーバニストとして選ばれたチームが全体をコーディネートする。今ではマスターアーバニストのチームに、建築家や景観デザイナーだけではなく、交通専門家やエコロジストも入るようになった。「歩いて暮らせるまち」の実現に向けて、都市計画と交通政策の統合のための制度も進化させてきた。『出来るかどうか』と問うのではなく、『どのようにしたら出来るか』を考えます」というディミコリー氏（アンジェ都市圏共同体副議長）の言葉に、フランスにおけるまちづくりに対する思いが集約されている。

これに対し、日本の都市マスタープランには、広く浅くいろいろなことが書かれているものの、多様なメニューの羅列という印象がぬぐえない。そのため、具体的な実行計画につなげる明確な方針もなければ、確信も感じられない。「高齢者に優しいまち」と掲げつつも、具体的に実行されるのは、景気対策のための補正予算により、以前に計画された道路の建設や改良といった具合である。

その意味で、まず第一に日本が学ぶべき点は、行政も住民も、中長期の視点で将来像を描き、まちづくりに対する強い決意を持つという戦略である。これは、具体的な施策を考えるうえでの大前提である。目指すべき姿は、日本とフランスで違うかもしれないし、日本の中でも都市によって異なるであろう。しかし、自分たちの街の将来像を議論し、選択することで、明確な道筋を引き、そこにむかって行政と住民が努力していくことが必要である。

成熟社会の都市の価値

日本において、まちづくりに対する思いが全くなかったかといえば、むろんそうではない。高度経済成長期からバブル期までは、人口増加に伴う都市の成長に行政も住民も確信があり、そのための「街路づくり」にはかなりのエネルギーを注いできた。都市計画による道路建設も決して容易な事業ではないが、行政は住民と協力しながら、土地収用の専門家集団も抱えつつ、数多くの困難を克服してきた。道路網の整備こそ経済活動や社会生活の基礎であるという強い哲学があったことは間違いない。さらに、建築物に関しても、都市計画法の哲学は、都市の成長に応じつつ、最低限のコントロールで都市の成長を促すというものであった。それはそれで時代に即した考え方だったといえる。

しかし、右肩上がりの時代が終わり、日本も成熟社会となった。都市の成長ではなく、都市の維持・管理、場合によっては縮小が求められる時代に、日本は、理想とする新たな都市像を見出せていないように思われる。「歩くまち」と言いつつも、一方で、自動車に依存した従来型の経済活動や社会生活の変更には躊躇する。歴史や文化といった側面は、マスタープランで語られていても、フランスのようなしっかりとした予算の裏付けはない。パイが増えない中で、既存のしくみを変更すれば社会の構成員の中で損得が生じ、予算再配分に対して合意形成は一段と難しくなる。

そうした中、今日の日本では、数値化された「客観的な」データが重宝される。物事の決断にあたり、データを活用することは正しい。しかし、成熟社会の望ましい都市の価値を単純に数値化できるわけではない。歴史や文化も含めた数値化できない価値は無視できない重みをもっている。

今、我々がフランスから学ぶべき二点目は、安易な数値至上主義から脱し、都市の価値をオープンに真剣に議論することではないだろうか。フランスでは、情報開示が徹底しており、行政の「仕事の見える化」が進んでいる。一方、市民もまちづくりの一連のプロセスに積極的に参加する。データだけではなく、数値化されない多様な価値観もぶつけ、そのうえで最終的にそれぞれの都市がめざす独自の姿を描くことである。パイが増えた時代は横並びの価値観でもよかったが、これからは、まちづくりに戦略的な「野心」（ベシュー・アンジェ市長）をもって取り組まなければならないのである。

2　日本が採るべき具体的な戦術

商店街全体としての魅力の創出

「野心をもった」フランスの都市の魅力は、中心市街地において、豊かな消費生活を送ることができることである。そうした魅力を維持するために、フランスでは、さまざまな仕組みを整えてきた。たとえば、都市計画マスタープランによって規定された区域の、自治体による「先買権」である。実際にはあまり行使されないようだが、商店街の店舗構成のバランスが大きく崩れることはない。しかも、自治体による建築許可を通じて、街の景観や環境を維持するメカニズムが働く。

フランスの地方都市の賑わいには、そこに住むフランス人のほか、海外などからの観光客も寄与している。クリスマスのマルシェやイベントはもちろん、そうでない時期でも、一定の観光客が滞在する。彼らはその都市が目的地でなくとも、観光の起点となる都市でそぞろ歩きし、ショッピングをする。それは、中心市街地が魅力的だからである。

その意味で、日本の地方都市が取り組む戦術は、個々の商店の利害関係を乗り越えた商店街の全体的な調和を意識した魅力づくりである。郊外型の商店と同じ品揃えでなくとも、伝統ある中心市街地ならではの品揃えで、市民や観光客がそこに行きたくなるような商店街でなければいけない。日本では、市内に観光地がある場合でも、城や寺社仏閣という名所旧跡の1点に集中し、周囲に観光客が広がらない。商店街はシャッターが閉まり、夜になって気軽に入れるお店も少ないとなれば、せっかく観光で訪れた人も出歩かない。

しかしながら、こうした状況を言い換えると、地方都市には観光客という伸びしろがあるということを意味する。[*2] 諦めてはいけない。

個々の商店を超えて、街全体を魅力的にするには、商店オーナーではない専門家が商店街全体に力を発揮できるような仕組みが必要となる。フランスでは、行政がタウンマネージャーとしてアドバイザーとなっているが、日本の場合、これまでの反省を踏まえると、行政ではなく、民間の専門家がもっと入りこめるようにすべきであろう。その意

＊2　観光庁『平成28年版　観光白書』（２０１６）によると、フランスを訪れた外国人は８３７０万人（２０１４年）であるのに対し、訪日外国人は１９７４万人（２０１５年）で、フランスの４分の１にも満たない。

味で、高松市の丸亀商店街のように、定期借地権を活用して、土地所有権と土地利用権を分離して商店街の活性化を行うといった手法は参考になる。重要な点は、個々の商店オーナーではなく、まちづくり会社のような組織で働く民間の専門家が、商店街全体の運営にあたることで、商店街の魅力を維持することである。

商店街保護からの脱却

商店街の仕組みを大きく変えようという考え方に対して、一般論として言われることは、既存商店主の反対である。その点、フランスの事例は、新たな視点を提供する。

本書でみてきたとおり、フランスの場合、中心市街地であっても、古くからそこに住むオーナー経営者は少ない。人口15万人のアンジェのケースで、生活圏の小売店舗のうちオーナーショップは26%しかなく、ほとんどがテナント商店主である。ストラスブールの場合、1995年から2002年までの7年間で同じオーナーが営業を続けた中心市街地の店舗は43%である。[*3] 市街地の活性化とオーナー経営者の保護は異なるのである。[*4]

フランスにおける空き店舗への課税や相続面での措置は、小規模なオーナーの商店にとっては厳しいかもしれないが、こうしたフランスの考え方は一理ある。中心市街地でシャッターを閉めるという行為は、街全体への外部不経済をもたらす以上、その社会的コストを負担するという点で合理的である。また、郊外のショッピングセンターと棲み分け、共存を図るためには、中心市街地の商店ならではのクオリティと付加価値の追求が欠かせない。

*3 ヴァンソン藤井由実『ストラスブールのまちづくり』(学芸出版社、2011)。

*4 イギリスの地方都市の商店街も日本に比べて賑わいを維持しているが、足立基浩『イギリスに学ぶ商店街再生計画―シャッター通りを変えるためのヒント』(ミネルヴァ書房、2013)によれば、約8割がチェーン店で構成されているとされる。ただ、このようにチェーン店の比重が高いと、逆に地域のアイデンティティを失った「クローン・タウン」(New Economic Foundation (2004) *Clone Town Britain: the loss of local identity on the nation's high streets* (http://b.3cdn.net/nefoundation/0df23d563b8eb9fb52_zam6bzu5n.pdf))との批判もある。要は、バランスの問題である。

ここで、日本とフランスの小売業について、規模別のシェアをみると、従業者については、10人未満の小規模な商店で働く従業員のシェアが、１９９７年から２０１４年までに日本は50％から35％に減ったが、フランスでの２０１０年の割合は、２００７年の日本とほぼ同じ38％である。一方、フランスは中規模な商店が少なく、従業員50人以上の事業者で働く人が47％を占め、日本よりも圧倒的に大きい（表1）。つまり、フランスの地方都市の商店街には、比較的大規模なチェーン店も多いが、そうした商店と小さな商店が混在しながら、賑わいを保っているのである。さらに、日本の場合、大規模商店の販売額のシェアは従業員でみたシェアよりも大きいが、フランスの場合は、従業員数でみたシェアと付加価値額でみたシェアにほとんど差がない。つまり、小規模な商店でも大規模な商店同様の付加価値を生み、一人当たりしっかりと稼いでいるということもわかる。

日本の中心市街地の問題は商業政策だけに起因するものではないが、ビジネスとして成立していない個人商店も基本的に保護していくという政策は見直す必要がある。伝統的な個人商店、新しい個人商店、外部資本による商店を、偏ることなく発展させていく方法を模索しなければならない。

まちづくりとしての交通政策

商店街の魅力の創出や既存商店の保護からの脱却について、今後の商業政策のあり方としては、総論としては異論がなくとも、具体的に何から始めればよいのか、誰に頼め

表1　日仏の規模別にみた小売業の比較（全数に対する比率）

	従業者数			販売額（付加価値額）*		
	日本		フランス	日本		フランス
	1997年	2014年	2010年	1997年	2014年	2010年
10人未満	50.0	34.8	38.0	41.0	29.2	38.0
10～49人	33.7	41.3	14.9	34.7	41.0	14.2
50人～	16.3	24.0	47.1	24.3	29.8	47.8

＊日本は販売額、フランスは付加価値額でみた比率
資料：経済産業省「商業統計」、Eurostat, "Retail trade statistics - NACE Rev. 2"

ばよいのか、たぶん、各論は分かれるであろう。本書でもそこまでの具体的な提案は出来ていない。おそらく、各論で他都市をそのまま真似ることは、それ自体が失敗の原因にもなりかねない。

しかし、今後の地方都市の商店街の進むべき方向について、これを別の角度から政策的に支えることはできる。本書の問題意識として通奏低音のように流れる交通政策である。1章で述べたとおり、日本の地方都市の構造的な制約は、決して地方だけの問題ではなく、日本だけの問題でもない。事態を改善するためには、交通政策の見直しが必要なのである。

筆者らが、交通にこれほどまでにこだわる理由は、移動そのものの重要性に加え、交通がまちづくりのツールとして作用するからである。まちづくりの目標を設定し、それに向けた計画を立てたとしても、世の中が計画通り動くとは限らない。住民はそれぞれの考え方で行動をとる。そうした中で、効果的な戦術は、人々の動きを自然な動機付け（インセンティブ）を通じて誘導することなのである。多様な交通手段を整えることで、住民の選択肢が増えれば、無理のないライフスタイルの転換が図られ、最終的に、目標とするまちづくりに近づくことができる。

たとえば、所有している自家用車を実際に利用するか否かは、相対的な利便性や価格などが影響する。もし、公共交通が使いやすいものになって人の動きが変われば、新たな都市の集積を引き起こすことができる。それゆえに交通政策を都市政策として取り込むことが重要なのである。

フランスでは、「交通権」を定めたことで知られる１９８２年の国内交通基本法で、地方都市圏に都市交通計画（ＰＤＵ）の策定を求めた。これが、２０００年の「連帯・都市再生法」の下の都市のマスタープランでは、住宅供給政策（ＰＬＨ）とともに総合戦略文書（ＳＣＯＴ）に沿う形で作成されるようになり、さらに、今日では、従来のコミューン単位の地域都市計画（ＰＬＵ）が移行した広域都市計画（ＰＬＵｉ）に統合された。つまり、フランスはこの20年余りの間、交通政策を都市政策に統合し、交通政策をまちづくりのツールとして活用する制度をつくりあげたのである。

これに対し、公共交通が民間事業として運営されてきた日本では、ニュータウンなどの一部を除けば、公共交通の路線やサービス水準が都市計画に沿って決まるということはなかった。人口増加や経済成長によって、公共交通がビジネスとして成立し、公共交通のあり様に行政が介入することは、むしろ弊害をもたらすものだった。そうした社会通念は今なお根強い。地方都市の公共交通の採算が悪化した今日、「上下分離」方式など、一定の公的な介入が始まっているが、民間事業者が運営する公共交通への公的支援には、少なからぬ住民が反対し、行政も躊躇するのである。

もっとも、徐々に変化は現れている。２００７年の地域公共交通活性化再生法で、交通政策とまちづくりの整合性が謳われ、２０１３年には、交通政策を包括する交通政策基本法が成立した。そこでは、基本法として交通に関する施策とまちづくりとの間の連携が明記されている。交通政策基本法が、交通基本法として検討が始まったときの考え方は、「フランスでは１９８２年に交通基本法が制定されました。今では、首都パリのみならず、ストラスブールなどの地方都市の交通体系は世界をリードするようになっています。遅れること30年。日本でも交通基本法を制定するときがきました[*5]」というものだった。交通政策基本法の制定は、フランス流の交通まちづくりの哲学が盛り込まれた第一歩だったのである。

交通政策基本法の下、折からの「地方創生」という議論と相まって、２０１４年には、地域公共交通活性化再生法と都市再生特別措置法が改正され、コンパクトシティ戦略を交通政策と一体で取り組む体制が整った。新たな法律の下、地域公共交通網形成計画と立地適正化計画は表裏一体のものとなり、各自治体は、これら計画の策定、さらに公共交通の再編や都市機能の「誘導」などを具体化し始めている。

公共交通を支援するための財源など、新たな制度の抱える問題は残されている。一般市民の中には、公共交通に対して懐疑的な人もいる。しかし、本書を締めくくるにあたり、日本においても交通政策と都市計画の統合が始まっていること、したがって、この動きを日本全国に広げ、自家用車に依存した地方都市の人の動きを変えていく必要があることは強調しておきたい。地方自治体の現場では、そうした制度を活用できる人材の不足も指摘されるが、法的な根拠を得た今、試行錯誤を経つつも、人を育てていくということが必要であろう。市民の理解を得るためには、フランスのように徹底的な情報開示を行い、広報にさらなる労力を割くべきであろう。

出来ない理由を挙げるのではなく、「どのようにしたら出来るか」（ディミコリー氏）を考え、実行する。これが、日本のまちづくりに求められていることである。

＊5　国土交通省（２０１０）「交通基本法の制定と関連施策の充実に向けた基本的な考え方（案）」７頁。

おわりに

私は、学生時代成績が良かったので、余り深く考えず地方からパリに出て大学教育を受けました。でもパリで仕事をし始めると、いくらお給料が地方より良くても家賃はもっと高いので、狭いアパートにしか住めない。大都会では行きつけのお店やパン屋さん、いつも出会うお隣さんなど、つかず離れずの「地域密着感」（Vie de quartier）が感じられません。だから、同じお金を高い家賃に払うなら、ローンを組んで自分のマンションが買える地方都市に帰るのです。すべてが近くにあってモビリティが確保されているのは大切で、何でも歩いてできる暮らしは生活を解放してくれます。環境への配慮もできるし。確かにアンジェは他の都市と比べて住民税や固定資産税が高いけれど、暮らしやすい環境を整えてもらえるなら辛抱できます。具体的に成果がみえる仕事を自治体が行えば、文句を言いながらも「投資への回収」結果で納得するものです。

アンジェ都市圏共同体の30代の女性議員のこの言葉には、フランスの地方都市のまちづくりの姿のすべてが語られている。地方都市には「若い年代でもまだ手が出せる不動産」があり、環境意識が高いので、「歩いて暮らせる快適なまち」が楽しく、「近隣店舗」で人と交流しながら買い物し、それらを支える税金を納める。私たち家族も30代前半でパリを出たことを思い出した。

賑わう中小都市の共通点は「歩いて暮らせるまち」だ。本書2、3章では２０１１年出版の拙著『ストラスブールのまちづくり』以後の、多様性に富んだ「まちのモビリティ」を追求するフランスの地方都市を紹介した。卓越した都市交通政策を支える社会の仕組みを、財源、法整備の面からも検討し、「誰のための交通か」を考察した。4、5章では、中心市街地の活性化につながる商業政策や住宅政策に焦点を当て、アンジェ市をモデルにして、地方公共団体の都市計画策定、実行のメカニズムを、それぞれのプロセスの役者に内側から語ってもらった。地方の政治家や行政の意気込みと創意工夫を感じ取っていただければ嬉しい。6章では市民の視点から、行政が行う合意形成や広報のあり方について、できるだけ具体的に述べた。コンビニも宅急便もないフランスの地方暮らしに不便は数多い。日本のようにサービスは万全ではないし、空き巣も多く、シックなお店も少なく、開店時間は短い。レストランのバラエティも少ない。しかし不十分を補って余り有る豊かな生活が、地方都市で用意されている。時間の余裕は人々にゆとりをもたらし、緑あふれる都市空間は気持ちを和ませる。質の高い公共空間利用と都市文化資産の豊かさが、充実した生活を支えている。同時に、格差が生じ、これから益々多様化してゆくであろう市民のライフスタイルに、どのように応えてゆけるか、社会全体で新しい都市モデルを模索する時代に入っている。

一方、日本を訪れるフランス人は大変な日本びいきになる。安全・清潔で利便性が高く、超機能的な世界に誇れる素晴らしい都市。食べ物は美味しくて、何より人々が誠実で親切だ。「こんないい国はない」と。海外に住んでいて、誇れる祖国があることは本当にありがたいと常々感じている。北西部を除いて直接の戦禍に見舞われることの少なかったフランスの地方都市は、その豊かな歴史遺産建造物をベースにして、新鮮でモダンな都市構築に挑んでくることができた。日本はゼロからやり直した都市が多い。だからもう十分な富が蓄積された今から、新しいまちづくりの素晴らしい可能性は開けてくるだろう。世界の状況が不安定な中で、フランスと日本は、豊かな生活が送れる民度の高い都市生活を提供してくれる。その二つの祖国の素晴らしさを、それぞれの国で発信してゆくことができれば、こんなに光栄なことはないと思っている。

ここで、今回の本の執筆のためにご協力いただいた方々のお名前をフランス語で記し、謝意を表したい。

Tous mes remerciements pour leur soutien précieux à : ① Angers : Mairie et ALM :Mr Béchu, Mr Dimicoli, Mr Dupré, Ms Bataille, Ms Caballé, Ms Trichet, Mr Baslé, Ms Nebbula, Mr Amio, Mr Bellot, Ms Bourgeais, Mr Capus, Ms Comby, Ms Dahmane, Mr Gintrand, Ms Montegu, Mr Séché /Ville d'Avrillé : Mr Houlgard, Ms Rutherford / ALTER : Mr Raguer, Mr Roger, Ms Giraud, Ms Clisson / WIGNAM : Ms Saint Quentin / AURA : Ms Montot, Ms Robin, Mr Rondeau / CCI : Mr

Loussouarn, Ms Crete / Mr Gazeau, Mr Korenbaum, Ms Petitpas ② Nantes : Ms Roth ③ Metz : Mr Holzhauser, Mr Rossano ④ Mulhouse : Ms Bizzoto, Mr Wolf ⑤ Rouen :Ms Bordeselle, Ms Delabaere, Mr Dermien, Mr Ratieuville ⑥ Strasbourg : Ms Trautmann, Mr Jansem, Ms Clevenot, Ms Loth ⑦ Photographes : Mr Bonnet, Mr De Serres ⑧ CGET : Mr Falardi et pour terminer, à ma famille.

日本の皆様からは、日本各地の講演や、フランスでの視察や交流を通して、都市や交通に対するさまざまな視点について学び、本当に言葉に尽くせないくらいのありがたい経験の機会をいただいてきた。行政、企業、研究者、ＮＰＯ活動家、多くの方から、日本の事情やしくみを教えていただいている。紙幅の関係でお世話になった方々のお名前を記すことができず心苦しいが、ここにあらためて皆様に心から御礼を申し上げたい。日本を知らなければ、フランスを書いても意味がない。これからも二国間を行き来しながら、読者の皆様との交流を心から楽しみにしている。最後に、『ストラスブールのまちづくり』に続いて、この本の編集を担当していただいた学芸出版社の岩崎健一郎氏に、深い感謝の意を表したい。ありがとうございました。

２０１６年10月22日

ヴァンソン藤井由実　VINCENT-FUJII Yumi

【著者】

ヴァンソン藤井 由実（ふじい　ゆみ）　本書の１章２項から６章までを執筆

ビジネスコンサルタント（日仏異文化経営マネジメント）。大阪出身。大阪外国語大学（現大阪大学）フランス語科在学中に、ロータリークラブ奨学生として渡仏、フランス国家教育省の「外国人へのフランス語教諭資格」を取得。1980年代より、パリを中心に欧州各地に居住し、通訳として活動。2003年からフランス政府労働局公認の社員教育講師として、民間企業や公的機関で「日仏マネジメント研修」を企画。翻訳監修書に『ほんとうのフランスがわかる本』（原書房、2011年）、著書に『トラムとにぎわいの地方都市　ストラスブールのまちづくり』（学芸出版社、2011年、土木学会出版文化賞受賞）。

VINCENT FUJII Yumi - Blog（http://www. fujii. fr/）

宇都宮 浄人（うつのみや　きよひと）　本書の１章１項と７章を執筆

関西大学経済学部教授。兵庫県生まれ。京都大学経済学部卒。日本銀行に入行。英マンチェスター大学大学院留学、調査統計局物価統計課長、金融研究所歴史研究課長などを経て 2011 年から現職。著書に『路面電車ルネッサンス』（新潮新書、2003年、第29回交通図書賞受賞）、『世界のLRT』（共著、JTBパブリッシング、2008 年）、『経済統計の活用と論点』（共著、東洋経済新報社、2009 年）、『LRT ―次世代型路面電車とまちづくり』（共著、成山堂書店、2010年）、『鉄道復権―自動車社会からの「大逆流」』（新潮選書、2012年、第38回交通図書賞受賞）、『地域再生の戦略　「交通まちづくり」というアプローチ』（ちくま新書、2015年、第41回交通図書賞受賞）などがある。

フランスの地方都市には なぜシャッター通りがないのか

交通・商業・都市政策を読み解く

2016年12月1日　第1版第1刷発行
2023年9月10日　第1版第4刷発行

著　者………ヴァンソン藤井由実・宇都宮浄人
発行者………井口夏実
発行所………株式会社 学芸出版社
京都市下京区木津屋橋通西洞院東入
電話 075-343-0811　〒600-8216
info@gakugei-pub.jp
編　集………岩崎健一郎

装　丁………森口耕次
印　刷………イチダ写真製版
製　本………山崎紙工
編集協力………村角洋一デザイン事務所

ISBN 978-4-7615-2636-8　Printed in Japan